AF366071

CALCUL

DES

DÉCIMALES.

NOMS DES LIBRAIRES

CHEZ QUI SE VEND CET OUVRAGE.

La Veuve DESAINT, rue du Foin-S.-Jacques.
SAVOYE, rue S. Jacques, à l'Espérance.
DELALAIN jeune, rue S. Jacques.

OUVRAGES DU MÊME AUTEUR,

Qui se trouvent aux mêmes adresses.

L'ARITHMÉTIQUE MÉTHODIQUE ET DÉMONTRÉE, appliquée au Commerce, à la Banque & à la Finance, avec un Traité complet des Changes étrangers & Arbitrages de Banque par la Règle conjointe &c.; augmenté d'un Précis pour les nouveaux poids & mesures par les Décimales, d'après la nouvelle nomenclature, *in-8°.*

OPÉRATIONS toutes faites pour la Règle du *Cent*, avec une Table complète pour les intérêts composés, *in-24.* Cet ouvrage est utile pour les marchandises qui se vendent au 100, pour les intérêts, l'escompte, les mandats, les bons de la trésorerie, pour les inscriptions, commission & courtage &c., en un mot pour tout ce qui a rapport à tant pour 100.

Le décret de la Convention nationale du 19 juillet 1793, an 1er. de la République, pour la propriété des ouvrages, se trouve à l'Arithmétique méthodique & démontrée du même Auteur.

CALCUL
DES DÉCIMALES,

APPLIQUÉ

AUX DIFFÉRENTES OPÉRATIONS

DE COMMERCE,

DE BANQUE ET DE FINANCE;

AVEC

Des Tables qui contiennent la réduction de toutes les parties de la Livre de Compte, de la Livre pesante, du Marc, de la Botte de soie, de la Toise, de l'Année & de l'Aune, en Parties décimales, avec toutes leurs combinaisons;

AUGMENTÉ de plusieurs Questions de Changes étrangers, avec des Tables de réductions des Monnoies étrangères en décimales.

PAR J. CL. OUVRIER DELILE,

Expert-Ecrivain & Arithméticien.

NOUVELLE ÉDITION

Corrigée & augmentée par l'Auteur.

À PARIS,

Chez L'AUTEUR, rue du Foin-S.-Jacques, Nᵒˢ. 14 & 266, & chez les Libraires ci-contre.

1798.

6ᵉ. *de l'Ère républicaine françoise.*

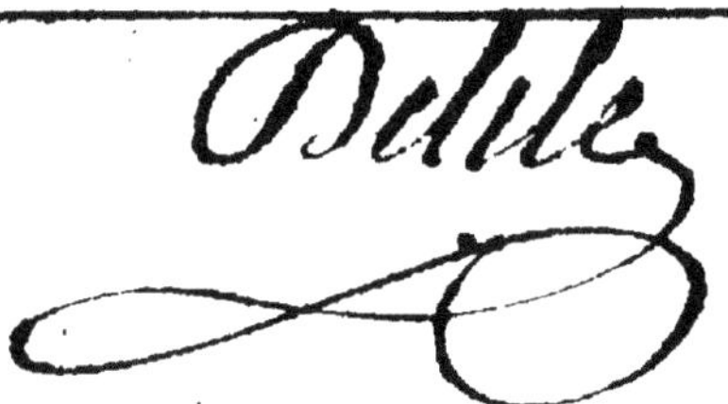

AVERTISSEMENT.

PERSONNE jusqu'à ce jour n'a démontré qu'on pût appliquer au Commerce le Calcul des Décimales (a) : cependant on n'en peut disputer les avantages efficaces, sur-tout pour les Multiplications & Divisions complexes. Comme ces sortes d'Opérations se trouvent à chaque instant dans l'usage mercantille, j'ai cru que le Public ne trouveroit pas mauvais que je lui fisse part de cet Essai, qui, je pense, suffira pour lui en démontrer dans bien des cas l'avantage & l'application.

Les Opérations de Commerce ne demandent pas certainement plus de précision & de justesse que celles de la Physique, de l'Astronomie, & de toutes les autres parties de Mathématiques. or, le Calcul des Décimales est le principal qu'emploient les Mathématiciens & les Physiciens, quoique les opérations de ces deux sciences exigent la plus grande exactitude ; ce Calcul ne peut donc être que d'une grande utilité dans le Commerce, dont les supputations ne demandent pas la même précision.

(a) La première Edition de cet ouvrage a paru en 1766.

Dans les derniers siècles on se faisoit un phantôme du Calcul des Fractions, parce qu'on ne les démontroit pas avec cette clarté & cette précision qu'on leur donne aujourd'hui ; de même à présent il y a beaucoup de personnes qui regardent le Calcul des Décimales comme un Calcul qui ne peut être entendu que par des Mathématiciens : mais j'espère les convaincre du contraire, en leur prouvant par des démonstrations claires & précises, qu'ils sont dans l'erreur, & par-là, détruire en eux la fausse idée qu'ils en ont, leur en inspirer le goût & les porter à en faire usage. C'est ce que je me suis proposé dans ce Traité, en leur faisant voir les avantages réels qu'ils en retireront pour les Multiplications & Divisions qui contiennent différentes espèces ; comme des Livres, Sols & Deniers, à multiplier ou à diviser par des Livres, Sols & Deniers, ou par des Toises, Pieds, Pouces & Lignes, ou par des Marcs, Onces, Gros, &c. &c. &c. Le Calcul des Décimales réduit ces sortes d'Opérations à une Multiplication ou à une Division incomplexe, comme s'il n'y avoit qu'une seule espèce à chaque nombre ; par ce moyen le Calcul des Décimales débarrasse des Questions les sous-espèces, qui sont comme autant de ronces & d'épines qui rebutent les jeunes gens, & qui leur rendent le travail pénible & difficile. On fera convaincu de la vérité que j'avance par la comparaifon que l'on peut faire des mêmes Opérations faites par les Décimales & par les voies ordinaires, que j'ai mife à la fuite de cet Ouvrage.

Je ne prétends point anéantir, ni même déprimer la manière de calculer par les parties Aliquotes : cette façon d'opérer eft trop intéreffante, puifqu'elle eft fondée fur les Raifons & Proportions : mais je crois qu'il eft bon de favoir l'une & l'autre. La connoiffance de cette double Opération peut beaucoup fervir à développer l'efprit des jeunes gens, en leur apprenant les diverfes combinaifons des Nombres ; de plus, l'une & l'autre manière peuvent fe fervir de preuves mutuelles.

On m'objectera peut-être que les Nombres à divifer ou à multiplier par les Décimales, contiennent plus de Chiffres que par les voies ordinaires ; j'en conviens : mais que l'on compare le peu de temps qu'il faut pour faire une Multiplication ou une Divifion *incomplexe*, & la facilité qu'on y trouve, avec la longueur & la difficulté qui fuivent les Opérations *complexes*, ou avec des fous-efpèces. Quelle application, & quelle tenfion d'efprit ces dernières ne demandent-elles pas ?

En compofant cet Ouvrage, je n'ai eu

d'autre but que d'être utile à mes Conci-
toyens. J'ai travaillé à rendre les Calculs
ou plus prompts, ou plus aifés ; c'eft le
feul motif qui m'ait animé, & qui m'ani-
mera toujours. Depuis 18 mois que cet
Ouvrage manque, il m'a été demandé avec
inftance ; c'eft ce qui m'a déterminé à le
faire réimprimer avec une augmentation
de Queftions de Changes étrangers, avec
les Tables de réductions des fous-efpèces
des principales Places de l'Europe, en Décimales.

Nota. Les Chiffres qui font au commencement
des *alinea*, marquent l'ordre des Articles.

Ceux qui font dans le corps de l'Ouvrage, entre
deux parenthèfes, marquent des citations qui font
fous l'Article défigné par le nombre.

Par exemple, fi l'on trouve dans une queftion
l'article douze marqué ainfi (12), c'eft-à-dire,
qu'il faut aller chercher ce que j'ai dit à l'Article 12,
afin de fe rappeler les démonftrations.

Et ceux qui font auffi dans le corps de l'Ouvrage
entre deux parenthèfes avec une étoile, marquent
des citations qui font dans mon *Arithmétique Méthodique*, fous l'Article défigné par le nombre. Par
exemple, fi l'on trouve cent dix-neuf ainfi marqué
(119*), c'eft-à-dire, que la démonftration de la
Queftion où eft (119*), fe trouve à l'Article 119
de ladite *Arithmétique Méthodique*, qui doit être re-
gardée comme la première Partie de ce Traité.

CALCUL
DES DÉCIMALES,
APPLIQUÉ
AUX DIFFÉRENTES OPÉRATIONS
DE COMMERCE, DE BANQUE
ET DE FINANCE.

FRACTIONS DÉCIMALES.

ARTICLE PREMIER.

Les Fractions décimales font ainfi nommées, parce que l'on fuppofe l'entier divifé ou partagé en dix parties égales, & chacune de ces dix en dix autres parties égales, ainfi de fuite de Décimale en Décimale, c'eft-à-dire, de dix en dix à l'infini.

2. L'entier étant ainfi divifé en 10, 100, 1000, 10000, &c. parties égales, ces nombres font donc les dénominateurs de ces fractions, comme $\frac{9}{10}$, $\frac{99}{100}$, $\frac{999}{1000}$, $\frac{9999}{10000}$; mais on n'écrit prefque jamais

A

ces dénominateurs : on se contente d'écrire les numérateurs, qui sont séparés des nombres entiers par une virgule ; ainsi, pour exprimer $4\frac{1}{10}$ on écrit 4, 3 ; pour exprimer $4 + \frac{3}{100}$, on écrit 4, 03 ; on met le zéro devant le 3, pour marquer que c'est $\frac{3}{100}$, parce que le dénominateur doit être l'unité suivie d'autant de zéros qu'il y a de chiffres au numérateur. Si, pour exprimer $4\frac{3}{100}$, on écrivoit 4, 3, on ne liroit que $4 + \frac{3}{10}$, au lieu de $4 + \frac{3}{100}$; donc il étoit nécessaire de mettre 4, 03 pour exprimer $4 + \frac{3}{100}$, puisque le dénominateur est 1 suivi d'autant de zéros qu'il y a de figures au numérateur ; donc il falloit que la fraction $\frac{3}{100}$, réduite en décimale, eût deux figures à son numérateur, afin que son dénominateur fût 100.

3. On sent bien que les zéros que l'on ajoute au numérateur pour faire rang, doivent être mis devant les nombres, & non après. Pour nous en convaincre, reprenons notre exemple $\frac{3}{100}$. Si on mettoit le o après le nombre 3, on auroit la fraction décimale, 30, ou $\frac{30}{100}$, qui égaleroit, 3 ou $\frac{1}{10}$, ce qui est contre le bon sens, puisqu'elle doit être égale à $\frac{3}{100}$: de plus, les décimales décroissent à raison de dix de gauche à droite, comme on peut le voir dans la Table de numération ci-après, où la première décimale à gauche est des dixaines, & la deuxième de gauche à droite est des centaines ; donc pour exprimer $\frac{3}{100}$, il faut que le 3 soit au second rang ; donc il falloit mettre le zéro avant le 3, c'est-à-dire, au premier rang : ainsi des autres exemples. Pour exprimer $\frac{45}{10000}$, il faut écrire, 0045 ; de même pour exprimer $\frac{701}{100000}$ il faut écrire, 00701.

TABLE
DE NUMÉRATION.

NOMBRES ENTIERS.	PARTIES DÉCIMALES.
4 millions.	2 dixaines.
6 centaines de mille.	3 centaines.
7 dixaines de mille.	4 milles.
8 milles.	5 dixaines de mille.
4 centaines.	6 centaines de mille.
6 dixaines.	7 millions.
4, unités.	6 dixaines de millions.

4. Pour lire cette Table, il faut dire quatre millions, fix cent foixante-dix-huit mille, quatre cent foixante-quatre entiers; & deux millions, trois cent quarante-cinq mille, fix cent foixante-feize, dix millionièmes.

5. Il eft clair par la Table ci-deffus, que, comme dans les nombres entiers chaque rang, depuis la places des unités, croît en raifon décuple, ou de dix en dix, en allant de droite à gauche, & décroît en venant de gauche à droite, dans la même raifon de dix; de même chaque rang de parties décimales décroît auffi en raifon décuple de gauche à droite, & augmente dans la même proportion décuple de droite à gauche; d'où on peut conclure que ces fractions font plus homogènes,

ou femblables aux nombres entiers, que les fractions ordinaires ; car tous les nombres ne font en effet que les parties décimales les uns des autres. Par exemple 111, le premier 1 à main gauche vaut dix fois autant que 1 du fecond rang, & ce 1 du fecond rang vaut dix fois autant que le 1 du dernier rang à droite, qui n'eft que la dixième partie de 1 à main gauche.

6. Il eft auffi vifible, par ladite Table, que la première des décimales, c'eft-à-dire, le premier rang à droite après la virgule, exprime des dixièmes ; la feconde décimale exprime des centièmes ; la troifième des millièmes ; la quatrième des dix millièmes, &c. Ainfi 6,999 eft la même chofe que $6 + \frac{9}{10} + \frac{9}{100} + \frac{9}{1000}$. Nous avons vu qu'en multipliant les deux termes d'une fraction ou d'une raifon par un même nombre, on n'en change point la valeur (94*). Il fuit donc que la fraction 0, 1 = 0, 10, = 0, 100. = 0, 1000, &c. de même 6, 9 = 6, 90. = 6, 900. = 6, 9000. = 6, 90000.

7. D'où il fuit que l'on n'augmente pas la valeur d'une fraction décimale, en y ajoutant au numérateur des zéros fur la droite, ainfi que je l'ai fait voir ci-devant ; & que l'on ne la diminue point en retranchant auffi des zéros fur la droite du numérateur. Il fuit auffi que 4, 7 eft plus grand que 4, 69, ou même que 4, 69999, &c. car 4, $7 = 4, + \frac{7}{10} = 4, + \frac{70}{100} = 4, + \frac{700}{1000} = 4, + \frac{7000}{10000}$, & 4, 69. $4, + \frac{69}{100}$. $4, + \frac{669}{1000}$. $4, + \frac{6999}{10000}$ eft plus petit que 4, $+ \frac{7}{10}$: donc $\frac{70}{100}$ eft plus grand que $\frac{69}{100}$, & $\frac{7000}{10000}$ eft plus grand que $\frac{6999}{10000}$; donc 4, 7 eft plus grand que 4, 69.

8. On voit auffi que 4, 6999 approche plus d'être égal à 4, 7, que 4, 69, ou que 4, 699, que 4, 6999 approche plus de la valeur 4, 7, que 4, 69, parce qu'il ne s'en faut que de $\frac{1}{10000}$,

que 4, 6999 ne soit égal à 4, 7000 = 4, 7, au lieu qu'il s'en faut de $\frac{1}{10000}$, que 4, 699 ne soit égal à 4, 700 = 4, 7, & qu'il s'en faut de $\frac{1}{1000}$, que 4, 69 ne soit égal à 4, 70 = 4, 7 : or $\frac{1}{10000}$ est beaucoup plus petit que $\frac{1}{1000}$, & $\frac{1}{1000}$ est plus petit que $\frac{1}{100}$; donc la différence entre 4, 7 & 4, 6999 est beaucoup plus petite que celle de 4, 7 à 4, 699, & celle-ci est plus petite que celle de 4, 7 à 4, 69.

9. *Remarquez : Lorsqu'une fraction décimale contient plusieurs chiffres, on en peut retrancher quelques-uns sur la droite, sans diminuer beaucoup la valeur de la fraction, sur-tout si cette décimale est au-dessous de* 5 : *par exemple, soit* 0, 4543 *parties de livres de compte, si l'on retranche le dernier chiffre* 3, *on aura* 0,454, *qui ne diffère de la première fraction que* $\frac{3}{10000}$ *d'une livre : si l'on en retranchoit les deux derniers, on n'auroit que* 0, 45, *qui seroit diminué de* $\frac{43}{10000}$ *d'une livre.*

10. *Remarquez : De même aussi lorsqu'une fraction décimale contient plusieurs chiffres, & qu'on en retranche un ou deux, l'on peut ajouter* 1 *au chiffre précédent sans beaucoup augmenter la fraction. Exemple. Si de* 0,4548 *l'on retranche le* 8, *on peut écrire* 0,455, *parce qu'on n'augmente la fraction que* $\frac{2}{10000}$. *Il ne faut ajouter l'unité que lorsque le dernier chiffre, ou les deux derniers que l'on retranche, surpasse* 5 *ou* 55, *&c. ainsi, si de* 0, 4564 *je retranche* 64, *j'aurois* 0,46; *mais si j'ai* 0,4545, *& que j'en retranche* 45, *je n'écrirois que* 0,45.

11. Les opérations que l'on peut faire sur les décimales, se réduisent à six, 1°. à réduire les fractions ordinaires en décimales ; 2°. à réduire les fractions décimales en fractions ordinaires ; 3°. en les ajoutant ; 4°. en les souftrayant ; 5°. en les multipliant ; 6°. & en les divifant.

PREMIÈRE RÉDUCTION.

Réduire les Fractions ordinaires en Décimales.

12. Comme les fractions ne font fouvent que des reftes de divifions, lorfque le divifeur n'eft pas contenu un nombre exact de fois dans le dividende, fi, après avoir fait une divifion, on veut avoir au quotient une fraction décimale au lieu d'une fraction ordinaire, il faut ajouter o au refte, & divifer par le même divifeur ; ce qu'il viendra au quotient fera la première décimale ; s'il y a encore un refte, on y ajoutera encore o, ce qui donnera la feconde décimale ; ainfi de fuite jufqu'à ce qu'il n'y ait plus de refte, ou jufqu'à ce qu'il y ait des décimales fuffifantes, comme deux, trois, quatre, tout au plus cinq.

13. Par exemple, ayant divifé 147475 par 362, & trouvé le quotient 407 avec le refte 141, j'ajoute o à ce refte, & je divife 1410 par le même divifeur 362, j'ai 3 au quotient, & 324 de refte; j'y ajoute o, & divifant 3240 par 362, j'ai au quotient 9, & le refte 182, que je néglige, parce que j'ai trois décimales qui me fuffifent; ainfi, le quotient de 147475 par 362 eft 407, 389.

14. On réduira par la même méthode les fractions fuivantes en fractions décimales. Par exemple, pour y réduire $\frac{3}{4}$ j'ajoute o au numérateur 3, & je divife 30 par 4, vient pour quotient 7 & deux de refte, auxquels j'ajoute o, ce qui fait 20 à divifer par 4 ; vient 5 fans refte, d'où il faut conclure que $\frac{3}{4}$ = o, 75 ; cela eft évident, car le quart de 100 étant 25, les $\frac{3}{4}$ font bien 75.

15. Si l'on vouloit réduire 6 deniers en fractions décimales, pour y procéder il faut voir quelle partie les 6 deniers font au tout, qui eft la livre ;

on voit qu'ils en font les $\frac{6}{240}$ ou $\frac{1}{40}$; enfuite il faut opérer comme au premier exemple, c'eft-à-dire, ajouter o au numérateur 1, ce qui donnera 10 à divifer par 40; on aura o au quotient, & il refte 10, auquel on ajoutera o, ce qui fera 100 à divifer par 40; on aura au quotient 2 & le refte 20, auquel j'ajoute encore un o, ce qui fera 200 à divifer par 40, il viendra 5 fans refte; donc le quotient fera 0,025; donc 6 deniers ou $\frac{1}{40}$ de liv. égaleront 0,025 : en un mot, il faut joindre au numérateur de la fraction ordinaire autant de zéros que l'on veut avoir de décimales, & divifer ce numérateur, ainfi augmenté, par fon dénominateur, le quotient donnera le nombre des décimales. C'eft par cette marche que j'ai conftruit les tables qui font à la fin de ce traité.

16. Il y a un grand nombre de fractions qui ne peuvent fe réduire exactement en décimales, quelque nombre de fois qu'on ajoute o aux reftes fucceffifs des divifions, ce qui arrive lorfque la dernière figure du divifeur eft 1, 3, 7, 9, 11, &c.; cela fe reconnoît facilement, lorfqu'on parvient à avoir toujours un même refte, ou lorfqu'on voit revenir les mêmes chiffres dans le même ordre. Par exemple, fi l'on vouloit réduire $\frac{4}{7}$ en décimales, on trouveroit 0,571428571428, fans pouvoir parvenir à n'avoir plus de refte : de même pour réduire $\frac{5}{12}$ en fractions décimales, on trouvera 0,416666, &c.; dans ce cas on fe contente de deux ou trois décimales, & on néglige le refte; ainfi on peut fuppofer que $\frac{4}{7} = 0,57$, & $\frac{5}{12} = 0,417$ (10).

17. *Remarque.* Les chiffres qui reviennent dans le même ordre, y reviennent au plus tard au rang exprimé par le dénominateur de la fraction que l'on réduit en décimales.

Remarquez que les parties décimales prennent leur dénomination de la place où se trouve leur dernière figure, c'est-à-dire, que le dénominateur a autant de zéros précédés de 1, que l'on compte de figures au numérateur.

DEUXIÈME RÉDUCTION.

Réduire les Décimales en parties connues d'un tout, ou en Fractions ordinaires.

18. Pour réduire une fraction décimale en partie connue d'un tout, il faut multiplier le numérateur de la fraction décimale par les sous-espèces de l'entier, & en diviser le produit par le dénominateur de la fraction décimale. Par exemple, soit ,5 , c'est-à-dire, $\frac{5}{10}$ à réduire en parties connues de la livre de compte, il faut multiplier le numérateur 5 par 20, sous-espèce de la livre, ce qui donnera 100 à diviser par dix : il viendra 10 sols, c'est-à-dire, que les ,5 sont égaux à 10 sols. Si on vouloit réduire les ,5 en parties de marcs, il faudroit multiplier le numérateur 5 par 8 onces, sous-espèces immédiates du marc, ce qui donneroit 40 à diviser par le dénominateur 10 ; il viendroit au quotient 4 onces ; ainsi, 5 sont égaux à 4 onces.

19. Les opérations des fractions décimales sont précisément les mêmes que celles qui se font sur les nombres entiers : il y a seulement quelques précautions à prendre pour placer la virgule ou le point qui sépare les nombres entiers des décimales, soit avant ou après les opérations.

ADDITION (37*).

20. Pour ajouter enfemble ces quantités 4852 ,791. 4, 00745. 2, 7. 0, 0049 ; il faut écrire en colonne les nombres entiers fuivant leur valeur & comme à l'ordinaire, enforte que les virgules foient en colonne : il faut écrire de fuite leurs fractions, & les nommer comme les entiers, en obfervant que la virgule fe trouve au total dans la même colonne. La preuve fe fait comme aux entiers (39*).

	Premier exemple.	*Deuxième exemple.*
	4852, 791	0, 003
	4, 00745	17, 4
	2, 7	64, 45
	0, 0049	1, 1
Total..	4859, 50335	82, 953
Preuve.	0001, 11110	10, 000

SOUSTRACTION (40*).

21. La fouftraction fe fait en arrangeant les quantités données de la même manière, & on opère comme fur les entiers.

	1ʳ Exemple.	*2ᵐᵉ Exemple.*	*3ᵐᵉ Exemple.*
De........	94, 5	461	64, 04
Oter......	17, 4	90, 346	13, 72
Refte......	77, 1	370, 654	50, 32
Preuve....	94, 5	461, 000	64, 04

22. Dans le second exemple on a suppofé des zéros à la place des décimales, dans le nombre d'en haut.

La preuve fe fait comme aux entiers (43 *).

MULTIPLICATION (45 *).

23. La Multiplication fe fait précifément comme celle des nombres entiers, fans prendre garde d'abord à la pofition des virgules ; lorfqu'on a pris la fomme de leurs produits, il faut féparer du produit total, par une virgule, autant de chiffres fur la droite qu'il y a de décimales au multiplicande & au multiplicateur.

Premier Exemple.	*Second Exemple.*
$3,7 \times 4,12 = 15,244.$	$3,024 \times 2,23$
37	3024
412	223
2 884	9072
1 2 36	60480
15,244	6 048
	6,74352

24. Pour rendre raifon de la règle que nous venons d'établir, de retrancher du produit total autant de chiffres qu'il y a de décimales au multiplicande & au multiplicateur ; reprenons le premier exemple, ou $3,7 = 3\frac{7}{10} = \frac{37}{10}$ & $4,12 = 4\frac{12}{100}$ $= \frac{412}{100}$; donc on a $\frac{37}{10} \times \frac{412}{100}$, qui donne pour produit $\frac{15244}{1000}$, qui réduit, fait $15 + \frac{244}{1000} = 15,244$ (177 *).

25. *Remarquez qu'il arrive fouvent qu'en multipliant des décimales par d'autres, le produit ne contient pas autant de figures qu'il doit avoir de décimales,*

fuivant la règle ci-deffus ; alors il faut ajouter au produit autant de zéros qu'il faut pour complettur le nombre des décimales , obfervant de mettre les zéros avant les chiffres, comme on le voit à l'exemple ci-après (26).

26. Dans cet exemple, j'ai multiplié ces trois décimales ,042 par les trois autres ,018, ce qui devoit donner fix décimales au produit (23); c'eft pourquoi j'ai ajouté trois zéros au produit 756, afin d'avoir les fix décimales, qui font $\frac{756}{1000000}$: en effet $\frac{42}{1000} \times \frac{18}{1000} = \frac{756}{1000000}$ (177*).

$$
\begin{array}{r}
,042 \\
,018 \\
\hline
336 \\
42 \\
\hline
,000756
\end{array}
$$

DIVISION (55*).

27. La divifion des fractions décimales eft auffi la même que celle des entiers ; mais après avoir trouvé le quotient, il en faut féparer par une virgule autant de chiffres fur la droite qu'il y a plus de décimales dans le dividende que dans le divifeur. Ainfi foit 8,372 à divifer par 3,22, il vient au quotient 2,6, dont on a féparé par une virgule le dernier chiffre 6, parce qu'il n'y a qu'une décimale de plus dans le dividende que dans le divifeur. Cette règle générale fournit quatre cas.

28. Premiers cas. Lorfque le dividende contient autant de décimales que le divifeur, le quotient n'a alors que des entiers, comme dans les exemples ci-après.

Premier Exemple.

$$
\begin{array}{r|l}
54,48 & 4,54 \\
\hline
9\,08 & 12 \\
0\,00 &
\end{array}
$$

Deuxième Exemple.

$$
\begin{array}{r|l}
146,997 & 16,333 \\
\hline
& 9 \\
000\,000 &
\end{array}
$$

29. Mais dans ce premier cas, fi après avoir trouvé les entiers, il y avoit un refte comme au troifième & quatrième exemple ci-deffous, il faudroit de deux chofes l'une, ou évaluer ce refte en parties connues du tout ; c'eft-à-dire, fi c'étoit un refte de livre, le multiplier par 20 & par 12, pour avoir des fols & des deniers ; fi c'étoit un refte de marc, il faudroit le multiplier par 8, & par 8 pour avoir des onces & des gros, &c. ainfi des autres efpèces, ou ajouter à ce refte autant de zéros que l'on fouhaiteroit avoir de décimales au quotient.

PREMIÈRE OBSERVATION.

Troifième Exemple.

$$
\begin{array}{l|l}
47,51 \text{ liv.} & 7,31 \\
\hline
3\ 65 & \quad 6\,\text{l.}\ \ 9\,\text{f.}\ 11\,\text{den.} \\
20 & \\
\hline
73\ 00\ \text{f.} & \\
7\ 21 & \\
12 & \\
\hline
86\ 52 & \\
13\ 42 & \\
6\ 11 &
\end{array}
$$

Quatrième Exemple.

$$
\begin{array}{l|l}
14,553 \text{ marcs.} & 3,234 \\
\hline
1\ 617 & \quad 4\ \text{marcs, }4\ \text{onces.} \\
8 & \\
\hline
12\ 936 \text{ onces.} & \\
0\ 000 &
\end{array}
$$

SECONDE OBSERVATION.

Cinquième Exemple.

$$\begin{array}{l|l} 47,51 & 7,31 \\ \hline 3\,650 & 6,499 \\ 7260 \\ \quad 6810 \\ \quad\; 231 \end{array}$$

Sixième Exemple.

$$\begin{array}{l|l} 14,553. & 3,234 \\ \hline 1\,6170 & 4,5 \\ 0000 \end{array}$$

30. J'ai ajouté dans le troisième exemple ci-dessus au reste 365 trois zéros successivement, afin d'avoir trois décimales au quotient. Si l'on vouloit avoir une quatrième, il faudroit ajouter encore un zéro au dernier reste 231, ce qui donneroit 2310 à diviser par 7,31; il viendra au quotient une quatrième décimale. Pour le sixième exemple je n'ai ajouté qu'un zéro au reste 1617, parce qu'il n'est rien resté après ce reste.

31. *Second cas.* Lorsque le dividende contient plus de décimales que le diviseur, alors le quotient contient autant de décimales que le dividende en a plus que le diviseur, comme dans les exemples ci-après (27).

Premier Exemple.

$$\begin{array}{l|l} 14,9385 & 4,33 \\ \hline 1\,948 & 3,45 \\ 2165 \\ 000 \end{array}$$

Deuxième Exemple.

$$\begin{array}{l|l} 246,16 & 3,4 \\ \hline 8\,1 & 7,24 \\ 1\,36 \\ 00 \end{array}$$

Troisième Exemple.

$$\begin{array}{l|l} 3,5145 & ,45 \\ \hline 364 & 7,81 \\ 45 \\ 00 \end{array}$$

32. Dans le premier exemple ci-deſſus, le dividende 14,9385 contient quatre décimales, & le diviſeur 4,33 n'en contient que deux ; donc le quotient 3,45 en doit contenir deux. Dans le deuxieme exemple, le dividende 246,16 contient deux décimales, & le diviſeur 34 n'en contient point ; donc le quotient 1724 doit avoir deux décimales. Dans le troiſième exemple, le dividende 3,5145 contient quatre décimales, & le diviſeur ,45 n'en contient que deux ; donc le quotient 781 doit auſſi contenir deux décimales.

N. B. *Lorſque le dividende & le diviſeur n'ont pas chacun un nombre égal de décimales, on peut, en général, ajouter à celui qui a moins de nombres décimaux, autant de zéros vers la droite, pour qu'ils aient tous deux un même nombre de décimales ; dans ce cas le quotient ne donne que des entiers, & ſi l'on vouloit avoir des décimales au quotient, il faudroit ſuivre ce qui eſt dit (art. 28).*

33. *Troiſième cas.* Quand après la diviſion il n'y a point au quotient autant de figures qu'il doit y avoir de décimales, conformément à la règle générale, il faut ajouter à main gauche autant de zéros qu'il faut pour completter le nombre des décimales, comme dans les exemples ci-après.

<table>
<tr><td>Premier Exemple.</td><td>Deuxième Exemple.</td></tr>
<tr><td>4,515 { 64,5
000 { ,07</td><td>17,296 { 4324
0 000 { ,004</td></tr>
</table>

34. Dans le premier exemple ci-deſſus, le dividende 4,515 contient trois décimales, & le diviſeur 64,5 n'en contient qu'une ; donc le quotient doit en contenir deux ſuivant la règle générale ; donc il étoit néceſſaire d'ajouter un zéro au quotient 7, & le mettre devant le 4 & non après (3).

En effet, le dividende contient des millièmes, &
le diviſeur des dixièmes; donc le quotient doit
donner des centièmes, & dans le deuxième exemple, on a des millièmes à diviſer par des entiers,
il doit donc venir au quotient des millièmes.
Dans le deuxième, exemple le dividende 17,296
contient trois décimales, & le diviſeur 4324 n'en
contient point ; donc le quotient doit contenir trois
décimales ; donc il falloit ajouter au quotient 4
deux zéros, afin qu'il eût trois décimales.

35. *Quatrième cas,* Quand le dividende ne contient pas autant de décimales que le diviſeur, il faut
alors joindre au dividende autant de zéros qu'il eſt
néceſſaire, afin que le nombre des décimales du
dividende égale celui du diviſeur; le quotient alors
ne contiendra que des entiers, comme dans le premier cas (28). Mais ſi l'on vouloit avoir des décimales au quotient, comme une, deux ou trois,
il faudroit, après avoir completté les décimales du
dividende égales à celles du diviſeur, il faudroit,
dis-je, ajouter au reſte un, deux ou trois zéros de
plus (29), comme on le voit dans les deux exemples ci-après.

Premier Exemple.   *Deuxième Exemple.*

Soit 6496 à div. par ,88.   Soit 784 à div. par ,61.

6496,00	{	,88		784,00000	{	61
336	{	7381		174	{	1285,265
72 0				52 0		
1 60				3 20		
72				150		
				280		
				360		
				55		

36. Dans le premier exemple, où j'avois 6496 entiers à diviser par les deux décimales, 88, j'ai ajouté deux zéros au dividende 6496, afin qu'il contînt deux décimales comme le diviseur : il vient alors des entiers au quotient, comme dans le premier cas. Dans le second exemple j'avois 784 à diviser par ,61. Comme mon but étoit d'avoir trois décimales au quotient, j'ai ajouté d'abord deux zéros, afin que le dividende 784 contînt autant de décimales que le diviseur en contenoit, & j'y ai ajouté en outre trois zéros, afin d'avoir trois décimales au quotient.

37. Si l'on veut avoir encore égard aux restes de ces fortes de divisions, il faut leur ajouter autant de zéros que l'on voudra ; & les quotiens qu'on en tirera, en continuant la division par le même diviseur, feront autant de décimales. Ainsi, dans le premier exemple, ajoutant trois zéros au reste 72, on aura le quotient 7381,818, avec un autre reste de 16 qu'on peut négliger.

38. La démonstration de la règle que nous avons établie, qu'il falloit retrancher du quotient, par une virgule, autant de chiffres sur la droite qu'il y avoit plus de décimales au dividende qu'au diviseur, est fondée sur les fractions ordinaires. Soit, par exemple, 15,244 à diviser par 4, 12, ou $15 + \frac{244}{1000}$ à diviser par $4 + \frac{12}{100}$, ou encore $\frac{15244}{1000}$ à diviser par $\frac{412}{100}$, on aura pour quotient $\frac{1524400}{412000} = 3 + \frac{288400}{412000} = \frac{7}{10}$; donc on a le même quotient $3\frac{7}{10}$, ou 3,7, ainsi que par l'opération décimale ci-après.

$$\frac{15{,}244}{2\,885} \Big\rbrace \frac{4{,}12}{3{,}7}$$

$$000$$

39. La preuve se fait comme celle des nombres entiers, c'est-à-dire, en multipliant le quotient par le diviseur.

Les notions & démonstrations ci-dessus étant une fois bien conçues, on peut passer de l'application que l'on peut faire des décimales, au Commerce, à la Banque & à la Finance. J'ai tâché de prévoir toutes les difficultés qui pourroient arrêter ceux qui travailleront sur ce traité.

Je commence par donner des exemples de Multiplications complexes de différentes espèces ; ensuite des Divisions complexes de différentes espèces ; des Règles de Trois de différens genres ; des Règles d'Intérêts, d'Escompte, de Gain ou de Perte, & de Compagnies.

Je n'ai point défini les termes & les démonstrations de ces sortes de Règles ; je renvoie le Lecteur à mon *Arithmétique méthodique & démontrée.* Je me suis contenté de démontrer seulement ce qui concerne le Calcul des Décimales, & de l'appliquer aux différentes combinaisons du Commerce, de la Banque & de la Finance.

QUESTIONS

SUR LA MULTIPLICATION COMPLEXE.

PREMIÈRE QUESTION.

Savoir ce que coûteront 73 aunes, si l'aune vaut 18 liv. 19 f. 6 den. ?

Pour opérer cette queftion par les décimales, il faut chercher dans *la Table des Décimales des parties de la livre de compte*, quel eft le nombre qui répond à 19 f. 6 den. on trouvera que c'eft 975. qu'il faut écrire à côté des 18 liv. ce qui fera 18,975. *obfervant de mettre une virgule entre les entiers & les décimales*; enfuite multiplier ce nombre par 73 aunes, comme dans une multiplication fimple, ainfi qu'on le voit ci-après.

$$
\begin{array}{r}
18,975 \\
73 \\
\hline
56\,925 \\
1328\,25 \\
\end{array}
$$

1385	175 liv.
	20
3	500 fols.
	12
6	000 den.

40. La multiplication étant faite, il faut retrancher du produit autant de figures, *en les comptant de droite à gauche*, qu'il y a de décimales au multiplicande & au multiplicateur (23). Le nombre qui fe trouvera à gauche fera les entiers; & les chiffres qui auront été retranchés doivent être multipliés par les fous-efpèces de l'entier; & il faut auffi

retrancher, *des produits qui en viendront*, autant de chiffres que le multiplicande & le multiplicateur contiennent de décimales, comme aux entiers. Je m'explique par l'exemple précédent, où j'ai eu au produit 1385,175, duquel j'ai retranché trois chiffres, parce que le multiplicande contient trois décimales, & le multiplicateur n'en contient pas. Après avoir retranché ces trois figures j'ai donc eu 1385 entiers; mais comme ce font des livres de compte, j'ai multiplié les trois figures que j'avois retranchées, par 20 pour avoir des fols, *parce que ces figures retranchées étoient des parties de livres*, ce qui a donné 3500 fols, dont j'ai de même retranché trois figures; il en eft venu 3 fols & 500 de refte, que j'ai multiplié par 12 pour avoir des deniers; le produit eft 6000 deniers, dont j'ai retranché pareillement trois figures, & il m'eft venu 6 deniers; donc les 73 aunes coûteront 1385 livres 3 fols 6 den. Lorfque le franc ne fe fous-divifera plus qu'en décimes ou centimes, on dira que le produit eft de 1385 francs 17 centimes.

41. *On peut évaluer les ,175 qui reftent en fols & deniers, en cherchant, dans la Table des parties des Décimales de la livre numéraire, la décimale qui répond à ,175, on trouvera jufte ,175 qui répondent à 3 f. 6 d.*

SECONDE QUESTION.

Si la livre de canelle coûte 15 liv. 6 fols 3 den., combien coûteront 38 ℔ 14 onces 6 gros?

Pour opérer cette feconde queftion par les décimales, il faut 1°. chercher dans *la Table des parties décimales de la livre de poids*, le nombre qui fe trouve vis-à-vis 14 onces 6 gros; on trouvera que c'eft ,9218. que l'on écrira à la fuite des 38 ℔, ce qui fera 38,9218, *obfervant de mettre une virgule entre.* 2°. Chercher de même dans *la Table des*

décimales de la livre de compte, le nombre qui répond
à 6 f. 3 den. qui eſt 3125, qu'il faut poſer à côté
des 15 liv., on aura 15,3125, *en mettant toujours
une virgule entre les entiers & les décimales*, enſuite
multiplier le premier nombre 38,9218 par 15,3125
comme ci-après.

$$
\begin{array}{r}
38,9218 \\
15,3125 \\
\hline
194\ 6090 \\
778\ 436 \\
3892\ 18 \\
11\ 6765\ 4 \\
194\ 6090 \\
389\ 218 \\
\hline
\end{array}
$$

595 | 9900 6250 liv.
   20
—————————————
19 | 8012 5000 ſols.
   12
—————————————
9 | 6150 0000 den.

La multiplication étant faite, j'ai retranché du
produit huit figures, autant que le multiplicande
& le multiplicateur contiennent de décimales (23),
le nombre 595, qui ſe trouve à gauche, ſont les
entiers; mais, comme ces entiers ſont des livres
de comptes, j'ai multiplié le reſte par 20 pour
avoir des ſols, & le reſte par 12 pour avoir des
deniers, comme à l'article (40); on aura pour réponſe 595 liv. 19 ſols 9 den. On auroit pu chercher dans la Table des Décimales des parties de la
livre numéraire, les chiffres qui approchent des
quatre chiffres 9900; on trouvera 9875. qui répondent à 19 ſols 9 den.

TROISIÈME QUESTION.

Si 1 liv. gagne 4 liv. 4 fols 4 den., combien gagneront 4 liv. 4 fols 4 den. ?

Je cherche dans *la Table des Décimales des parties de la livre de compte*, le nombre qui répond à 4 fols 4 den. je trouve que c'eft 2166, qui, avec les 4 liv., fait 4,2166 à multiplier par 4,2166.

$$
\begin{array}{r}
4,2166 \\
4\,2166 \\
\hline
25\,2996 \\
252\,996 \\
421\,66 \\
8433\,2 \\
16\,8664 \\
\end{array}
$$

$$
\begin{array}{r|l}
17 & 7797\ 1556\ \text{liv.} \\
& \qquad\ 20 \\
\hline
15 & 5943\ 1120\ \text{fols.} \\
& \qquad\ 12 \\
\hline
7 & 1317\ 3440\ \text{den.}
\end{array}
$$

J'ai retranché du produit ci-deffus huit figures, parce que le multiplicande contenoit quatre décimales, & le multiplicateur autant (23) ; & j'ai eu pour réponfe 17 liv. 15 fols 7 den. ou 17,77. l.

OBSERVATION.

42. On peut abréger cette opération. En retranchant la dernière décimale qui eft 6 , il reftera 4,216 à multiplier par 4,216; mais comme la dernière décimale 6 que je retranche, furpaffe une demie, j'ajoute 1 à la feconde décimale (10), ce qui me donne 4,217 à multiplier par 4,217 : on

fent que la différence doit être excédente, mais bien moins grande que celle de $4{,}216 \times 4{,}216$. dont la différence auroit été en défaillant, mais bien plus grande ; car en retranchant la dernière décimale 6, j'en retranchois $\frac{6}{10000}$, au lieu qu'ajoutant 1 à la décimale suivante, je n'augmente le nombre que de $\frac{4}{10000}$.

Opération.

$$
\begin{array}{r}
4{,}217 \\
4{,}217 \\
\hline
29\ 519 \\
42\ 17 \\
843\ 4 \\
16\ 868 \\
\end{array}
$$

17|783 089 liv.
   20
15|661 780 fols.
   12
7|941 360 den.

Je n'ai retranché du produit que fix figures, parce que le multiplicande ne contient que trois décimales ; & le multiplicateur autant (23) ; il eft venu 17 liv. 15 fols 7 den. qui eft la même fomme que par les précédentes opérations.

Quatrième Question.

Connoître la fuperficie d'une cour qui a 15 toifes 4 pieds 10 pouces 6 lignes de long, fur 13 toifes 3 pieds 7 pouces 8 lignes de large ?

Je cherche à la *Table des parties décimales de la toife*, quels font les nombres qui répondent 1°. à 4 pieds 10 pouces 6 lignes. 2°. Celui qui répond à

3 pieds 7 pouces 8 lignes, je trouve que le premier
est ,8123 , & le second ,6064 , qui joints avec leurs
entiers, font 15,8123 & 13,6064 , qu'il faut multiplier l'un par l'autre.

Opération.

```
15,8123 = 15  toif.  4  pieds.  10  pouc.  6  lignes.
13,6064 = 13  toif.  3  pieds   7  pouc.  8  lignes.
─────────────────────────────────────────
         63 2492
        948 738
      9 4873 8
     47 4369
   158 123
 ─────────────────────
 215│1484 7872 toif.
          6
    ─────────────────
   0│8908 7232 pieds.
         12
    ─────────────────
  10│6904 6784 pouc.
         12
    ─────────────────
   8│2856 1408 lig.
```

J'ai retranché du produit ci-deſſus huit figures,
parce qu'il y a huit décimales, tant au multiplicande qu'au multiplicateur (23) ; il eſt venu 215
toiſes 10 pouces 8 lignes, ce qui fait une différence
de 3 lignes. Si l'on vouloit avoir une préciſion
moins exacte, on pourroit retrancher les deux dernières décimales (9) ; alors on abrégeroit beaucoup
l'opération, comme on le voit ci-après.

$$15812$$
$$13606$$

$$94872$$
$$94872$$
$$47436$$
$$15812$$

$$215,|138072 \text{ toif.}$$
$$6$$

$$0,|828432 \text{ pieds.}$$
$$12$$

$$9\cdot|941184 \text{ pouc.}$$
$$12$$

$$11,|294208 \text{ lign.}$$

CINQUIÈME QUESTION.

Savoir ce qu'il faut payer à Pierre pour 7 ans 8 mois 20 jours de ses gages, à raison de 164 liv. par an ?

$$7,7221 = 7 \text{ ans } 8 \text{ mois } 20 \text{ jours.}$$
$$164$$

$$30\,8884$$
$$463\,326$$
$$772\,21$$

$$1266|4244 \text{ liv.}$$
$$20$$

$$8|4880 \text{ fols.}$$
$$12$$

$$5|8560 \text{ den.}$$

Après avoir retranché les quatre dernières figures, parce qu'il n'y a que quatre décimales, il est venu 1266 liv. 8 fols 5 den. pour les gages dudit Pierre, ou 1266 liv. & 42 centimes.

QUESTIONS

SUR LA DIVISION COMPOSÉE.

PREMIÈRE QUESTION.

Savoir la valeur d'une toife, fi 31 toifes 2 pieds 4 pouces coûtent 379 liv. 14 fols 9 den.?

Pour réfoudre cette queftion par le moyen des décimales, il faut 1°. chercher à la *Table des parties de la livre de compte*, le nombre qui répond à 14 fols 9 den. qui eft ,7375, qu'il faut mettre à la fuite des 379 liv. & on aura 379,7375 pour dividende, ou fomme à divifer. 2°. Il faut prendre dans la *Table des parties décimales de la toife*, le nombre qui répond à 2 pieds 4 pouces, on trouvera que c'eft 3888, qui, mis à la fuite des 31 toifes, fera 31,3888, qui fervira de divifeur.

```
379,7375      ⌠ 31,3888
  65 8495      ⌡      12 l. 1 f. 11 d.
   3 0719 liv.
        20
   6 1 4380
   3 0 0492 fols.
        12
   360 5904 den.
    46 7024
    15 3136
```

OBSERVATION.

43. On peut abréger cette opération, encore plus facilement que dans la Multiplication, on peut, dis-je, retrancher deux décimales au dividende, & autant au divifeur, fans qu'il y ait une

différence fenfible au quotient, comme on va le
voir par l'opération ci-après, qui eft la même divifion que ci-deffus, de laquelle j'ai ôté du dividende
les deux dernières décimales, qui font 75, & du
divifeur 88; comme ces décimales font au-deffus
de 55, j'ai ajouté 1 à la décimale précédente (10),
ce qui me donne 37974 à divifer par 3139.

379,74	31,39
65 84	12 liv. 1 fol 11 den.
3 06 liv.	
20	
61 20 fols	Par cette dernière opéra-
29 81	tion, j'ai la même réponfe que
12	par la précédente.
357 72 den.	
43 82	
12 43	

44. *Remarquez :* Comme le dividende contient
autant de décimales que le divifeur, il vient au
quotient des entiers fans décimales (28); dans ce
cas il faut réduire le reftant du dividende en fous-
efpèces, c'eft-à-dire, que fi le dividende contient
des livres, il faut réduire le reftant en fols & en
deniers, afin d'avoir des fols & deniers au quotient,
ou bien ajouter à ce refte autant de zéros que l'on
voudroit avoir de décimales au quotient (29).
Ainfi, fi au refte 306, on eût ajouté trois zéros
pour avoir 3 décimales, on auroit eu 306000 à
divifer par 3139. qui auroit donné ,097. pour
décimales ; donc le quotient auroit été 12,097.

SECONDE QUESTION.

Savoir la valeur du marc d'argent, fi 13 marcs
7 onces 4 gros coûtent 684 liv.

Pour réfoudre cette queftion par les décimales, il faut chercher dans la *Table des décimales des parties du marc*, le nombre ,9375, qui eft celui qui répond à 7 onces 4 gros, le joindre avec 13, ce qui fera 13,9375 pour divifeur; mais l'on peut retrancher la dernière décimale 5, fans caufer la moindre différence; ainfi ce fera 684 liv. à divifer par 13,937. Comme le dividende 684 ne contient point de décimales, j'y ajoute autant de zéros que le divifeur contient de décimales (35), c'eft-à-dire, trois; ainfi c'eft 684,000 liv. à divifer par 13,937, il viendra au quotient des entiers fans décimales; alors il faut multiplier le reftant du dividende par 20, pour avoir des fols, & par 12, pour avoir des deniers (29), comme on le voit par l'opération ci-après, ou ajouter au refte 1087 autant de zéros que l'on voudroit avoir de décimales au quotient (44), comme par exemple trois, on auroit un refte de 1087,000 à divifer par 13937, ce qui auroit donné les décimales ,077. au lieu de 1 fol 6 den.

684,000 liv.	⎧ 13,937
126 520	⎨ 49 liv. 1 fol 6 den.
1 087 liv.	⎩
20	
2 1740 fols.	
7803	
12	
9 3636 den.	
1 0014	

TROISIÈME QUESTION.

On demande le prix d'une aune de toile, fi 65 aunes ¾ coûtent 845 liv. 10 fols 6 den. ?

Pour opérer cette queftion par les décimales, il

faut : 1°. chercher le nombre des décimales qui répond à 10 fols 6 den. qui eſt ,525 , qui joint avec 845 liv. fait 845,525 pour dividende. 2°. Chercher dans *les parties de l'aune*, le nombre qui répond à $\frac{3}{4}$, qui eſt 75 , qui joint avec 65 aunes, fait 65,75 , qui eſt le dividende.

Comme le dividende ne contient qu'une décimale de plus que le diviſeur , le quotient ne contiendroit auſſi qu'une décimale (27) , ce qui ne donneroit pas une préciſion aſſez juſte, alors il faut ajouter au dividende deux zéros, afin qu'il vienne trois décimales au quotient, ce ſera donc 845,52500 à diviſer par 6575.

$$
\begin{array}{r|l}
845,52500 & 65,75 \\
\hline
188\ 02 & 12,859 \\
56\ 525 & \\
3\ 9250 & \\
63750 & \\
4575 & \\
\end{array}
$$

45. Il vient au quotient 12 entiers, c'eſt-à-dire , 12 liv. plus ,859. Pour ſavoir ce que valent ces ,859 , il faut chercher dans *les Décimales des parties de la livre*, un nombre dont les trois premières décimales approchent le plus de 859, on trouvera que c'eſt 858 , qui répondent à 17 ſols 2 den. dont les trois premiers chiffres ſont 858 ; donc ces ,859 ſont égaux à 17 ſols 2 den. ; donc le quotient eſt 12 liv. 17 ſols 2 den.

46. On auroit pu évaluer ces ,859 , en les multipliant par 20, & du produit en retrancher trois décimales, & , les trois décimales retranchées, les multiplier par 12 pour avoir des deniers (44), comme on le voit ci-après.

$$859$$
$$20$$
$$\overline{}$$
$$17,\,|180$$
$$12$$
$$\overline{}$$
$$2\,|160$$

Remarque. *On auroit pu abréger la division ci-devant en retranchant du dividende le 5 de la troisième décimale ; alors le dividende en auroit contenu autant de décimales que le diviseur. Le quotient auroit donné des entiers, on auroit multiplié le reste par 20 & 12 pour avoir des sols & deniers.*

RÈGLE DE TROIS,

OU DE PROPORTION (101*, 119*).

PREMIÈRE QUESTION.

Si 73 aunes ont coûté 334 liv. 9 sols 11 deniers, combien coûteront 100 aunes?

Proportion.

$$73 : 334{,}496 :: 100 : X.$$
$$100$$
$$\overline{}$$

$$33449{,}600 \quad \{ \; 73$$
$$424 \qquad \{ \; 458{,}213 \; l.$$
$$599 \qquad\qquad 20$$
$$156 \qquad 4\,|\overline{260 \; f.}$$
$$100 \qquad\qquad 12$$
$$270 \qquad 3\,|\overline{120 \; d.}$$
$$51$$

47. Comme il n'y a que des entiers au premier & au troisième terme, je les ai mis comme ils

étoient ; mais pour le deuxième terme, comme il
contenoit des livres, fols & deniers, j'ai mis à la
place des 9 fols 11 den. les nombres ,496. qui eft
celui qui répond *dans la Table des parties de la livre
numéraire*, fuivant la remarque (10) ; car le vrai
nombre eft ,4958. Après avoir opéré la Règle de
Trois, il eft venu pour réponfe 458,213 , c'eft-à-
dire , 458 liv. plus $\frac{213}{1000}$ (2), qui égalent à 4 fols
3 deniers que j'ai évalués fuivant l'article (46).
J'aurois pu éviter cette opération, en cherchant,
fuivant l'article (45), à la *Table des parties décimales de la livre de compte*, quel eft le nombre dont
les trois premiers chiffres approchent le plus des
213, j'aurois trouvé que c'eft 2125 qui répond à
4 fols 3 deniers ; donc les $\frac{213}{1000} = 4$ fols 3 den.

SECONDE QUESTION.

Savoir la valeur de 17 aunes $\frac{7}{8}$, fi 48 aunes ont
coûté 64 liv. 12 f. 3 den.

Proportion.

$$48 \text{ aun.} : 64{,}6125 \text{ l.} :: 17{,}875 \text{ aun.} : X.$$

$$
\begin{array}{r}
646125 \\
17875 \\
\hline
3230625 \\
4\,522875 \\
51\,69000 \\
452\,2875 \\
646\,125 \\
\hline
1154{,}94843775 \quad \big\{\; 48 \\
194 \qquad\qquad\quad \big\{\; 24{,}0614 \\
2{,}94 \\
68 \\
204 \\
12
\end{array}
$$

48. Le premier terme 48 de la proportion ne contenant que des entiers, je l'ai mis tel qu'il étoit; mais le second étant 64 liv. 12 fols 3 den. j'ai fubftitué à la place des 12 fols 3 den. les décimales qui font ,6125. qui avec 64 liv. fait 64,6125 pour le deuxième terme de la proportion; le troifième 17 $\frac{7}{8}$ contenant auffi des entiers & fractions, j'ai mis à la place des $\frac{7}{8}$ le nombre décimal, que l'on trouvera *à la Table des parties de l'aune*, qui eft ,875. qui avec 17 aunes fait 17,875 pour le troifième terme.

Le dividende 1154,9484375 contient fept décimales (23), & le divifeur n'en contient pas, alors il devoit venir au quotient fept décimales (27); mais comme quatre décimales donnent une précifion affez grande, j'ai retranché du dividende les trois dernières décimales, en tirant un trait fur les trois derniers chiffres, le quotient eft 24 livres, + ,0614; on cherchera dans la *Table des Décimales des parties de la livre* quel eft le nombre qui approche le plus de ,0614, on trouvera que c'eft ,0625 qui répond à 1 fol 3 den.; donc les ,0614 égalent 1 fol 3 den.; donc le quotient eft 24 livres 1 fol 3 deniers : on auroit pu abréger l'opération, en retranchant du multiplicande 646125 la dernière décimale 5, & de même la dernière du multiplicateur 17875, ce qui auroit réduit la multiplication à 64612 × 1787, fans faire une grande erreur au quotient.

T R O I S I È M E   Q U E S T I O N.

Si $\frac{7}{8}$ d'aunes ont coûté 4 liv. 18 fols, combien coûteront 12 aunes $\frac{2}{3}$?

Pour réfoudre cette Règle de Trois par les décimales, il faut 1°. chercher le nombre décimal de $\frac{7}{8}$, qui eft ,875. que l'on trouvera dans la *Table des parties de l'aune*, ce qui fera le premier terme de la Règle de Trois. 2°. Chercher la décimale de 18 fols, qui eſt 9, qui joint avec les 4 liv. fait 4,9 pour le deuxième terme. 3°. Enfin, chercher dans la *Table des Décimales des parties de l'aune*, le nombre qui répond à $\frac{2}{3}$, on trouvera ,6666 dont on peut retrancher la dernière décimale (10), & ajouter 1 à la décimale précédente, ce qui fera ,667, qui joint avec 12 aunes fait 12,667 pour le troiſième terme.

Proportion.

$$,875 : 4,9 :: 12,667 : X = 70 \text{ liv. } 18 \text{ ſ. } 8 \text{ d.}$$

$$
\begin{array}{r}
4,9 \\
\hline
114\,00\,3 \\
506\,68 \\
\hline
620\,68\,x \\
8\,18 \\
20 \\
\hline
163\,60 \text{ ſ.} \\
76\,10 \\
6\,10 \\
12 \\
\hline
73\,20 \\
3\,20
\end{array}
\quad
\left\{
\begin{array}{l}
,875 \\
\hline
70 \text{ l. } 18 \text{ ſ. } 8 \text{ d.}
\end{array}
\right.
$$

Comme le dividende 620683 ne contenoit qu'une décimale de plus que le diviſeur ,875, j'ai retranché la dernière décimale du dividende, afin qu'il en contienne autant que le diviſeur ; alors il ne vient au quotient que des entiers ſans décimales (28); mais, comme ces entiers ſont des livres, j'ai multiplié le reſte du dividende par 20 fols, & par 12 pour avoir des fols & des deniers. Le quotient eſt 70 liv. 18 fols 8 den.

Si on eût voulu avoir des fractions décimales au
lieu

lieu de fols & de deniers on auroit continué la
division en defcendant le 3 & en ajoutant autant de
zéros que l'on auroit défiré des décimales (44).

QUATRIÈME QUESTION.

Si 7 toifes 4 pieds 5 pouces coûtent 34 livres
9 fols 6 den., combien coûteront 341 toifes 2 pieds
10 pouces 6 lignes?

Proportion.

$$7,736 : 34,475 :: 341,479 : X.$$

$$34,475$$

$$1\ 707\ 395$$
$$23\ 903\ 530$$
$$136\ 591\ 600$$
$$1365\ 916\ 000$$
$$10244\ 37$$

$$11772,488\ 525 \left\{ \begin{array}{l} 7,736 \\ \hline 1521,779 \end{array} \right.$$

$$4036\ 4$$
$$168\ 48$$
$$13\ 768$$
$$6\ 032\ 5$$
$$617\ 32$$
$$75\ 805$$
$$6\ 181$$

Il vient par les décimales 1521,779, c'eft-à-
dire, 1521 liv. 15 fols 7 den. parce que les trois
premières décimales de la Table des fols, qui approche le plus de 779, eft ,7791. qui répond à
15 fols 7 deniers ; on trouve dans cette réponfe 5
deniers de plus que fi on l'avoit faite par la Règle de
Trois ordinaire, cela vient de l'augmentation d'une
troifième décimale, après avoir fupprimé la quatrième, fuivant l'article (10). Si on eût voulu

C

avoir au quotient des fols & deniers au lieu des décimales, on auroit retranché du dividende les trois dernieres décimales 525, afin qu'il ne contînt de décimales qu'autant que le divifeur en a (28), (29).

CINQUIÈME QUESTION.

Savoir le prix de 100 marcs d'argent, fi 6 marcs 4 onces 2 gros ont coûté 234 liv. 16 f. 3 den.

$$6,5312 : 234,8125 :: 100 : X.$$

$$
\begin{array}{l}
234,8125 \\
\quad\ 100 \\
\hline
23481,2500 \qquad\qquad 6,5312 \\
\ \ 388765 \qquad\qquad\quad 3595 \text{ liv. } 4\text{ f. } 10 \text{ den.} \\
\ \ 622050 \\
\ \ 342420 \\
\ \ 15860 \\
\qquad 20 \\
\hline
\ \ 317200 \text{ fols.} \\
\ \ 55952 \\
\qquad 12 \\
\hline
\ \ 671424 \text{ den.} \\
\ \ 18304
\end{array}
$$

Comme le dividende contient autant de décimales que le divifeur, il eft venu des entiers au quotient (28); c'eft pourquoi on a réduit le refte en fols & en deniers, afin d'avoir au quotient des fols & deniers (44).

RÈGLE D'INTÉRÊT (245 *).

On demande à quoi fe montent les intérêts de 7840 liv. pour 6 ans 11 mois 18 jours, au den. 20?

Pour réfoudre cette queſtion, il faut diviſer le capital 7840 livres par 20, pour connoître l'intérêt d'un an, qui eſt 392, & enſuite multiplier cet intérêt d'un an, par 6 ans 11 mois 18 jours.

Opération.

$$
\begin{array}{r}
6{,}967 \\
392 \\
\hline
13934 \\
62703 \\
20901 \\
\hline
\end{array}
$$

$$
\begin{array}{r|l}
2731 & 064 \\
 & 20 \\
\hline
1 & 280 \text{ ſ.} \\
 & 12 \\
\hline
3 & 360 \text{ d.}
\end{array}
$$

Le nombre décimal de 11 mois & 18 jours étant 967 (10), qui, joint avec 6 ans, a fait 6,967 à multiplier par 392 liv. intérêt d'un an, il eſt venu au produit 2731 064 livres dont il faut retrancher trois décimales (23), que l'on multipliera par 20 & par 12, pour avoir des ſols & des deniers ; on a pour réponſe 2731 liv. 1 ſol 3 den. (44), ou bien chercher dans la Table des parties de la livre numéraire, le nombre qui approche ,064, on trouvera ,0625 qui répond à 1 ſol 3 deniers.

SECONDE QUESTION.

Sur l'Intérêt.

Connoître les intérêts de 8434 liv. 10 ſols 9 d. pour 4 ans 5 mois 12 jours, au denier 25.

OPERATION
Par les Décimales.

337 liv. 7 fols 7 den. = 337,3791.
4 ans 5 mois 12 jours = 4,45 (10);
donc c'eft 337,3791 à multiplier par 4,45,
ou 337,379 par 4,45 (9).

$$445$$

$$16\ 868\ 95$$
$$134\ 951\ 6$$
$$1349\ 516$$

1501 | 336 55 liv.
      | 20
    6 | 731 00 fols.
      | 12
    8 | 772 00 den.

Comme le multiplicande 337,379 contient trois
décimales, & le multiplicateur 4,45 deux, l'on
retranche cinq figures du produit (23); il eft venu
pour réponfe à la queftion 1501 liv. 6 fols 8 den.
comme par l'opération ordinaire.

RÈGLE D'ESCOMPTE (269 *).

Savoir quel eft l'efcompte d'un billet de 3464
liv. 19 fols 3 den. qui a encore 8 mois 12 jours à
courir, à raifon de 6 pour $\frac{0}{0}$ par an ?

$$100 : 6 :: 3464,963 : X.$$
$$6$$

207897 | 78 $\left\{ \begin{array}{l} 100 \\ \hline 207,897 \end{array} \right.$

L'efcompte d'un an étant 207,897 livres pour

avoir celui de 8 mois 12 jours, c'eſt........

207,897 liv. à multiplier par ,7 = 8 m. 12 j. (10).

,7.
____
145,5279.   ou 145 liv. 10 ſols 6 den.

RÈGLE DE GAIN,
OU DE PERTE.

Pierre a acheté 48 aunes $\frac{3}{4}$ de drap la somme de 924 liv. 18 ſols ; ſavoir combien il doit vendre ledit drap pour y gagner 24 liv. 10 ſols pour $\frac{0}{0}$,

Si 100 rendent 124,5 , combien 924,9 ?

```
       12 4,5
       92 4,9
    ___________
       1 12 0 5
        4 98 0
       24 90
    1 120 5
    ___________
    1151|50 ø8   {   100
        |'20      { 1151 liv. 10 ſols.
    10|00 ſols
```

Comme le multiplicande & le multiplicateur ne contiennent chacun qu'une décimale, on n'en a que deux au produit (23) ; le diviſeur n'en contenant point, j'ai retranché les deux décimales du dividende , afin qu'il ne vienne au quotient que des entiers ſans décimales (28), & le reſtant de la diviſion ſe multiplie par 20, afin d'avoir des ſols ; le quotient eſt 1151 liv. 10 ſols (29), ou bien chercher le nombre de la Table des Décimales de la livre numéraire qui répond à ,50., on trouvera 5 qui répond à 10 ſols. Obſervez que 50 ou ,5 eſt la même choſe (7).

C 3

RÈGLE DE COMPAGNIE.

Quatre perfonnes ont fait un fonds de 90 livres 16 fols 6 deniers ; elles ont gagné 984 liv. 18 fols 6 den.; favoir ce qu'il revient à chacune fuivant fa mife ?

La première a mis 15 l.	17 f.	6 d.	=	15,875	d.
La feconde......18	5	3	=	18,2625	
La troifième.....21	10		=	21,5	
La quatrième....35	3	9	=	35,1875	
90	16	6	=	90,825	
Le gain..... 984 l.	18 f.	6 d.	=	984,925	

Règle pour la première.

Si 90,825 gagnent 984,925 , combien 15,875 ?

$$
\begin{array}{r}
984,925 \\
15,875 \\
\hline
4924\,625 \\
6\,894\,475 \\
787\,9400 \\
4924\,625 \\
9849\,25 \\
\hline
\end{array}
$$

15635,684 875 ⎰ 90,825
6553 18   ⎱   172 l. 3 f. 0 d.   gain de la première.

195 434
13 784
20
275 680 f.
3 205
12
38 460 d.

Règle pour la Seconde.

Si 90,825 gagnent 984,925 , combien 18,2625 ?

$$984925$$
$$182625$$

$$4924625$$
$$1\ 969850$$
$$59\ 09550$$
$$196\ 9850$$
$$7879\ 400$$
$$9849\ 25$$

17987,1928125 { 90,825
890469 } 198 l. 0 f. 10 d. gain de la seconde.

730 442
3 842
20

76 840 f.
12

922 080 den.
13 830

Règle pour la Troisième.

Si 90,825 gagnent 984,925 , combien 21,5 ?

$$98\ 4925$$
$$215$$

$$492\ 4625$$
$$984\ 925$$
$$19698\ 50$$

21175,88875 { 90,825
3010 88 } 233 l. 3 f. 0 d. gain de la troisième,

286 137
13 662
20

273 240 f.
765
12

9 180 d.

Règle pour la Quatrième.

Si 90,825 gagnent 984,925 , combien 35,1875 ?

```
            984925
            351875
        ─────────────
          4924625
         6 894475
        78 79400
        98 4925
      4924 625
     295477 75
   ──────────────────────────
   34657,0484375  ( 90,825
      7409 54        (  381 l. 11 f. 7 d.  gain de la
                                           quatrième.
       143 548
        52 723
           20
   ───────────────
     1054 460 f.      La 1ʳᵉ aura  172 liv.  3 f.  0 d.
      146 210         2 . . . . . . 198     0    10
       55 385         3 . . . . . . 233     3     0
          12          4 . . . . . . 381    11     7
   ───────────────                 ────────────────────
      664 620 d.                    984     18    5
       28 845
```

Pour éviter les décimales aux quotiens, l'on a retranché des dividendes les décimales qu'ils contenoient de plus que les diviseurs, afin qu'ils n'en contiennent l'un & l'autre que le même nombre ; pour lors il vient au quotient (28) des entiers & parties connues de ces entiers sans décimales.

On peut appliquer les décimales à toutes les autres opérations complexes , qui sont usitées dans le Commerce ; comme Règle d'Assurance, d'Avarie, de Commission, de Tare, &c. & même aux Changes étrangers , particulièrement quand on a des marcs, sols, & deniers lubs, à multiplier par des livres, so's & deniers tournois, ou des florins, so's, & penings, à multiplier par d'autres espèces, &c. comme on le voit ci-après.

CHANGES ÉTRANGERS.

Première Question.

Réduire 6476 liv. 17 f. 6 den. tournois en florins courans de Hollande, le change à 56 deniers pour 1 ∇, agio à 4 pour $\frac{o}{o}$.

Règle conjointe (314 *).

$$\left.\begin{array}{l} 3\ \text{liv.} \\ 40\ \text{d. g.} \\ 100\ \text{fl. b.} \end{array}\right\} : \left\{\begin{array}{l} 56\ \text{den. g.} \\ 1\ \text{flor.} \\ 104\ \text{fl. co.} \end{array}\right\} :: 6476\ \text{liv.}\ 17\ \text{f.}\ 6\ \text{d.} : \text{X.}$$

375 liv. : 182 flo. co. :: 6476 liv. 17 f. 6 d. : X.

Pour réfoudre cette proportion par les décimales, il faut chercher dans la Table des parties de la livre de 240 deniers, le nombre qui répond à 17 f. 6 den., qui eft ,875 que l'on mettra à la place des 17 f. 6 d. Ainfi on aura 6476,875 à multiplier par 182 flor. cour.; le produit fera 1178791250. flor. à divifer par 375. antécédent ou extrême, le quotient donnera 3143,443 = 3143 flor. 8 f. 14 p., ainfi qu'on peut le voir par l'opération ci-après.

```
    6476,875
        182
  ───────────
   12953750
   51815000
   6476875
  ───────────
  1178791,250 ( 375
     537      ( 3143,443 fl. = 3143 fl. 8 f. 14 d.
     1629
      1291
       1662
        1625
         1250
          125
```

Pour ſavoir combien les ,443. font de ſols & penings, il faut chercher dans la Table des parties décimales du flo, in, le nombre qui approche de ,443. ; on trouvera ,4437 qui répond à 8 ſols 14 penings.

Si l'on eût voulu ne point avoir de décimales, on auroit fini la diviſion aux entiers, ſans abaiſſer ſucceſſivement les trois décimales; on auroit multiplié le reſte 166. par 20 pour avoir des ſols, & le reſte des ſols par 16, on auroit trouvé 8 ſols 13 penings.

DEUXIÈME QUESTION.

Réduire 6482 flor. 18 ſ. 15 pen. en marcs-lubs, au change de 31 ſtuivers pour 1 daelder.

$$\left.\begin{array}{l}\text{1 flor.}\\ \text{31 ſols.}\\ \text{1 daeld.}\end{array}\right\} : \left\{\begin{array}{l}\text{20 ſ. ſtui.}\\ \text{1 daeld.}\\ \text{2 marcs.}\end{array}\right\} :: 6482\,\text{fl. } 18\,\text{ſ. } 15\,\text{p.} : X.$$

31 : 40 :: 6482 flor. 18 ſ. 15 pen. : X.

Il faut chercher dans la Table des décimales d'Amſterdam, le nombre qui répond à 18 ſ. 15 p., on trouvera ,9468 que l'on réduira à 947. (10); ainſi on aura la proportion :

31 flor. : 40 m. :: 6482,947 flor. : X.

Ainſi on aura 6482,947 à multiplier par 40. Le produit ſera 259317,880 à diviſer par 31 ; on aura pour quotient 8365,092. marcs ou 8365 marcs 1 ſol 5 deniers-lubs.

Pour ſavoir à combien de ſols & de deniers répond le nombre décimal ,092, cherchez dans la Table des décimales du marc-lub, le nombre le plus approchant, vous trouverez ,0885. qui répond à 1 ſol 5 deniers.

TROISIÈME QUESTION.

Réduire 7404 liv. 15 f. 6 d. tournois en marcs-lubs courans au change de 160 liv. pour 100 marcs, agio à 10 pour $\frac{0}{0}$.

$$160 \text{ liv.} \atop 100 \text{ m.} \Big\} : \Big\{ {100 \text{ m.} \atop 110 \text{ m.}} :: 7404 \text{ l. } 15 \text{ f. } 6 \text{ den.} : X.$$

$$16 : 11 :: 7404 \text{ liv.} : 15 \text{ f. } 6 \text{ d.} : X.$$

Il faut chercher dans la Table des décimales de la livre de 240 den., le nombre qui répond à 15 f. 6 den., l'on trouvera ,775. Ainſi on aura la proportion ſuivante :

$$16 : 11 :: 7404,775 : X.$$

Multipliant 7404,775 par 11, on aura le produit 81452,725 qui, diviſé par 16, donne le quotient 5090,782 marcs, ou 5090. marcs 12 f. 6 d. lubs.

Pour ſavoir combien la fraction ,782. vaut de ſols & de deniers-lubs, cherchez dans la Table des décimales du marc-lub, le nombre qui approche le plus de ,782, vous trouverez ,7812. qui répond à 12 ſols 6 den.

QUATRIÈME QUESTION.

Réduire 8978 réaux 31 maravedis de platte en livres tournois, au change de 14 livres 15 ſols pour 1 piſtole.

$$32 \text{ réaux.} \atop 1 \text{ piſt.} \Big\} : \Big\{ {1 \text{ piſt.} \atop 14 \text{ liv. } \frac{3}{4}.}$$

$$128 \text{ réaux} : 59 \text{ liv.} :: 8978 \text{ réaux } 31 \text{ mara.} : X.$$

Il faut chercher dans la Table des parties des décimales du réal en maravedis, le nombre qui répond à 31 maravedis, on trouvera ,9117. Ainſi on aura la proportion :

$$128 \text{ réaux} : 59 \text{ liv.} :: 8978,9117 : X.$$

Multipliant 8978,912 (10) par 59., on aura le produit 52975 5808. qui, étant divifé par 128, donnera pour quotient 4138,717 livres tournois, ou 4138 liv. 14 f. 4 den.

Pour favoir combien la décimale ,717 vaut de fols & de deniers, cherchez dans la Table des décimales de la livre numéraire, le nombre qui approche le plus de ce nombre, on trouvera ,7166 qui répond à 14 f. 4 den.

N. B. On auroit pu retrancher les trois décimales 117. pour ne prendre que le 9. (9). La différence n'auroit été que de 4 deniers, ce qui abrége beaucoup le calcul.

CINQUIÈME QUESTION.

Réduire 456 réaux 12 quartos en livres tournois, au change de 14 liv. 10 f. pour 1 piftole.

$$32 \text{ réaux.} \atop 1 \text{ pift.} \Big\} : \Big\{ {1 \text{ pift.} \atop 14 \text{ liv. } \frac{1}{2}} \; :: 456 \text{ réa. } 12 \text{ quar.} : X.$$

64 réaux : 29 pift. :: 456 réaux 12 quartos : X.

Il faut chercher dans la Table des décimales des parties du réal en quartos, le nombre qui répond à 12 quartos, on trouvera ,75 que l'on mettra à la place des 12 quartos. On aura la proportion : 64 : 29 :: 456,75 : X. En multipliant 456,75 par 29, on aura le produit 13245,75 qui, étant divifé par 64, donnera 20,69 livres tournois, ou 20 livres 13 f. 10 deniers.

Pour favoir combien la décimale ,69 vaut de fols & de deniers, il faut chercher dans la Table des décimales de la livre numéraire, le nombre qui approche celui de 69, on trouvera ,6916 qui répond à 13 f. 10 den.

TABLE DES DÉCIMALES

Des parties du marc de 8 onces, ou de 64 gros.

Des onces.   Des gros.

Onc.	Décim.	Gros.	Décim.
1	,125	1	,0156
2	,25	2	,0312
3	,375	3	,0468
4	,5	4	,0625
5	,625	5	,0781
6	,75	6	,0937
7	,875	7	,1093

Des onces & des gros.

Onc.	Gros.	Décim.	Onc.	Gros.	Décim.
1		,125	3	2	,4062
1	1	,1406	3	3	,4218
1	2	,1562	3	4	,4375
1	3	,1718	3	5	,4531
1	4	,1875	3	6	,4687
1	5	,2031	3	7	,4843
1	6	,2187	4		,5
1	7	,2343	4	1	,5156
2		,25	4	2	,5312
2	1	,2656	4	3	,5468
2	2	,2812	4	4	,5625
2	3	,2968	4	5	,5781
2	4	,3125	4	6	,5937
2	5	,3281	4	7	,6093
2	6	,3437	5		,625
2	7	,3593	5	1	,6406
3		,375	5	2	,6562
3	1	,3906	5	3	,6718

Onc.	Gros.	Décim.	Onc.	Gros.	Décim.
5	4	,6875	6	6	,8437
5	5	,7031	6	7	,8593
5	6	,7187	7		,875
5	7	,7343	7	1	,8906
6		,75	7	2	,9062
6	1	,7656	7	3	,9218
6	2	,7812	7	4	,9375
6	3	,7968	7	5	,9531
6	4	,8125	7	6	,9687
6	5	,8281	7	7	,9843

Des Grains ,4608. au marc.

	Décim.		Décim.
1	,0002	24	,0051
2	,0004	25	,0054
3	,0006	26	,0056
4	,0008	27	,0058
5	,0010	28	,0060
6	,0013	29	,0062
7	,0015	30	,0064
8	,0017	31	,0066
9	,0019	32	,0068
10	,0020	33	,0070
11	,0022	34	,0072
12	,0026	35	,0074
13	,0018	36	,0078
14	,0030	37	,0080
15	,0032	38	,0082
16	,0034	39	,0084
17	,0036	40	,0086
18	,0038	41	,0088
19	,0039	42	,0090
20	,0040	43	,0093
21	,0042	44	,0095
22	,0045	45	,0097
23	,0048	46	,0098

Des Grains ,4608. au marc.

47	,0100	60	,0128
48	,0102	61	,0130
49	,0105	62	,0132
50	,0108	63	,0134
51	,0110	64	,0136
52	,0112	65	,0138
53	,0114	66	,0140
54	,0116	67	,0142
55	,0118	68	,0144
56	,0120	69	,0146
57	,0122	70	,0148
58	,0123	71	,0151
59	,0125		

TABLE DES DÉCIMALES

De la livre pesant 16 onces ou 128 gros.

Des Onces.

Onces.	Décim.	Onces.	Décim.
1	,0625	9	,5625
2	,125	10	,625
3	,1875	11	,6875
4	,25	12	,75
5	,3125	13	,8125
6	,375	14	,875
7	,4375	15	,9375
8	,5		

Des Gros.

Gros.	Décim.	Gros.	Décim.
1	,0078	5	,039
2	,0156	6	,0468
3	,0234	7	,0546
4	,0312		

Des Onces & des Gros.

Onc.	Gros.	Décim.	Onc.	Gros.	Décim.
1		,0625	5	1	,3203
1	1	,0703	5	2	,3281
1	2	,0781	5	3	,3359
1	3	,0859	5	4	,3437
1	4	,0937	5	5	,3515
1	5	,1015	5	6	,3593
1	6	,1093	5	7	,3671
1	7	,1171	6		,375
2		,125	6	1	,3828
2	1	,1328	6	2	,3906
2	2	,1406	6	3	,3984
2	3	,1484	6	4	,4062
2	4	,1562	6	5	,414
2	5	,164	6	6	,4218
2	6	,1718	6	7	,4296
2	7	,1796	7		,4375
3		,1875	7	1	,4453
3	1	,1953	7	2	,4531
3	2	,2031	7	3	,4609
3	3	,2109	7	4	,4687
3	4	,2187	7	5	,4765
3	5	,2265	7	6	,4843
3	6	,2343	7	7	,4921
3	7	,2421	8		,5
4		,25	8	1	,5078
4	1	,2578	8	2	,5156
4	2	,2656	8	3	,5234
4	3	,2734	8	4	,5312
4	4	,2812	8	5	,539
4	5	,289	8	6	,5468
4	6	,2968	8	7	,5546
4	7	,3046	9		,5625
5		,3125	9	1	,5703

Onces.

Onc.	Gros.	Décim.	Onc.	Gros.	Décim.
9	2	,5781	12	5	,789
9	3	,5859	12	6	,7968
9	4	,5937	12	7	,8046
9	5	,6015	13		,8125
9	6	,6093	13	1	,8203
9	7	,6171	13	2	,8281
10		,625	13	3	,8359
10	1	,6328	13	4	,8437
10	2	,6406	13	5	,8515
10	3	,6484	13	6	,8593
10	4	,6562	13	7	,8671
10	5	,664	14		,875
10	6	,6718	14	1	,8828
10	7	,6796	14	2	,8906
11		,6875	14	3	,8984
11	1	,6953	14	4	,9062
11	2	,7031	14	5	,914
11	3	,7109	14	6	,9218
11	4	,7187	14	7	,9296
11	5	,7265	15		,9375
11	6	,7343	15	1	,9453
11	7	,7421	15	2	,9531
12		,75	15	3	,9609
12	1	,7578	15	4	,9687
12	2	,7056	15	5	,9765
12	3	,7734	15	6	,9843
12	4	,7812	15	7	,9921

D

TABLE DES DÉCIMALES

De la toise de 6 pieds, de 72 pouces,
& de 864 lignes.

Des Pieds.

Pieds.	Décim.	Pieds.	Décim.
1	,1666	4	,6666
2	,3333	5	,8333
3	,5		

Des Pouces.

Pouces.	Décim.	Pouces.	Décim.
1	,0138	7	,0972
2	,0277	8	,1111
3	,0416	9	,125
4	,0555	10	,1388
5	,0694	11	,1527
6	,0833		

Des Lignes.

Lignes.	Décim.	Lignes.	Décim.
1	,0011	7	,0081
2	,0023	8	,0092
3	,0034	9	,0104
4	,0046	10	,0115
5	,0057	11	,0127
6	,0069		

Des Pieds & des Pouces.

Pieds.	Pouces.	Décim.	Pieds.	Pouces.	Décim.
1		,1666	1	5	,2360
1	1	,1804	1	6	,25
1	2	,1943	1	7	,2638
1	3	,2082	1	8	,2777
1	4	,2221	1	9	,2916

Pieds.	Pouces.	Décim.	Pieds.	Pouces.	Décim.
1	10	,3054	3	11	,6527
1	11	,3193	4		,6666
2		,3333	4	1	,6804
2	1	,3471	4	2	,6943
2	2	,361	4	3	,7082
2	3	,3749	4	4	,7221
2	4	,3888	4	5	,736
2	5	,4027	4	6	,75
2	6	,4166	4	7	,7638
2	7	,4305	4	8	,7777
2	8	,4444	4	9	,7916
2	9	,4583	4	10	,8054
2	10	,4721	4	11	,8193
2	11	,486	5		,8333
3		,5	5	1	,8471
3	1	,5138	5	2	,861
3	2	,5277	5	3	,8749
3	3	,5416	5	4	,8888
3	4	,5555	5	5	,9027
3	5	,5694	5	6	,9166
3	6	,5833	5	7	,9305
3	7	,5972	5	8	,9444
3	8	,6111	5	9	,9583
3	9	,625	5	10	,9721
3	10	,6388	5	11	,986

Des Pieds & des Lignes.

Pieds.	Lignes.	Décim.	Pieds.	Lignes.	Décim.
1		,1666	1	7	,1747
1	1	,1677	1	8	,1758
1	2	,1689	1	9	,177
1	3	,17	1	10	,1781
1	4	,1712	1	11	,1793
1	5	,1723	2		,3333
1	6	,1735	2	1	,3344

Pieds.	Lignes.	Décim.	Pieds.	Lignes.	Décim.
2	2	,3356	4	1	,6677
2	3	,3367	4	2	,6689
2	4	,3379	4	3	,67
2	5	,339	4	4	,6712
2	6	,3402	4	5	,6723
2	7	,3414	4	6	,6735
2	8	,3425	4	7	,6747
2	9	,3437	4	8	,6758
2	10	,3448	4	9	,677
2	11	,346	4	10	,6781
3		,5	4	11	,6793
3	1	,5011	5		,8333
3	2	,5023	5	1	,8344
3	3	,5034	5	2	,8356
3	4	,5046	5	3	,8367
3	5	,5057	5	4	,8379
3	6	,5069	5	5	,839
3	7	,5081	5	6	,8402
3	8	,5092	5	7	,8414
3	9	,5104	5	8	,8425
3	10	,5115	5	9	,8437
3	11	,5127	5	10	,8448
4		,6666	5	11	,846

Des Pouces & des Lignes.

Pouc.	Lignes.	Décim.	Pouc.	Lignes.	Décim.
1		,0138	1	9	,0242
1	1	,0149	1	10	,0253
1	2	,0161	1	11	,0265
1	3	,0172	2		,0277
1	4	,0184	2	1	,0288
1	5	,0195	2	2	,03
1	6	,0207	2	3	,0311
1	7	,0219	2	4	,0323
1	8	,023	2	5	,0334

Pouc.	Lignes.	Décim.	Pouc.	Lignes.	Décim.
2	6	,0346	5	5	,0751
2	7	,0358	5	6	,0763
2	8	,0369	5	7	,0775
2	9	,0381	5	8	,0786
2	10	,0392	5	9	,0798
2	11	,0404	5	10	,0809
3		,0416	5	11	,0821
3	1	,0427	6		,0833
3	2	,0439	6	1	,0844
3	3	,045	6	2	,0856
3	4	,0462	6	3	,0867
3	5	,0473	6	4	,0879
3	6	,0485	6	5	,089
3	7	,0497	6	6	,0902
3	8	,0508	6	7	,0914
3	9	,052	6	8	,0925
3	10	,0531	6	9	,0937
3	11	,0543	6	10	,0948
4		,0555	6	11	,096
4	1	,0566	7		,0972
4	2	,0578	7	1	,0983
4	3	,0589	7	2	,0995
4	4	,0601	7	3	,1006
4	5	,0612	7	4	,1018
4	6	,0624	7	5	,1029
4	7	,0636	7	6	,1041
4	8	,0647	7	7	,1053
4	9	,0659	7	8	,1064
4	10	,067	7	9	,1076
4	11	,0682	7	10	,1087
5		,0694	7	11	,1099
5	1	,0705	8		,1111
5	2	,0717	8	1	,1122
5	3	,0728	8	2	,1134
5	4	,074	8	3	,1145

Pouc.	Lignes.	Décim.	Pouc.	Lignes.	Décim.
8	4	,1157	10	2	,1411
8	5	,1168	10	3	,1422
8	6	,118	10	4	,1434
8	7	,1192	10	5	,1445
8	8	,1203	10	6	,1457
8	9	,1215	10	7	,1469
8	10	,1226	10	8	,148
8	11	,1238	10	9	,1492
9		,125	10	10	,1503
9	1	,1261	10	11	,1515
9	2	,1273	11		,1527
9	3	,1284	11	1	,1538
9	4	,1296	11	2	,155
9	5	,1307	11	3	,1561
9	6	,1319	11	4	,1573
9	7	,1331	11	5	,1584
9	8	,1342	11	6	,1596
9	9	,1354	11	7	,1608
9	10	,1365	11	8	,1619
9	11	,1377	11	9	,1631
10		,1388	11	10	,1642
10	1	,1399	11	11	,1654

Des Pieds, Pouces & Lignes.

Pieds.	Pouc.	Lign.	Décim.	Pieds.	Pouc.	Lign.	Décim.
1	1		,1804	1	1	10	,1919
1	1	1	,1815	1	1	11	,1931
1	1	2	,1827	1	2		,1943
1	1	3	,1838	1	2	1	,1954
1	1	4	,185	1	2	2	,1966
1	1	5	,186	1	2	3	,1977
1	1	6	,1873	1	2	4	,1989
1	1	7	,1885	1	2	5	,2
1	1	8	,1896	1	2	6	,2012
1	1	9	,1908	1	2	7	,2024

Pieds.	Pouc.	Lign.	Décim.	Pieds.	Pouc.	Lign.	Décim.
1	2	8	,2035	1	5	7	,2441
1	2	9	,2047	1	5	8	,2452
1	2	10	,2058	1	5	9	,2464
1	2	11	,207	1	5	10	,2475
1	3		,2082	1	5	11	,2487
1	3	1	,2093	1	6		,2499
1	3	2	,2105	1	6	1	,251
1	3	3	,2116	1	6	2	,2522
1	3	4	,2128	1	6	3	,2533
1	3	5	,2139	1	6	4	,2545
1	3	6	,2151	1	6	5	,2556
1	3	7	,2163	1	6	6	,2568
1	3	8	,2174	1	6	7	,258
1	3	9	,2186	1	6	8	,2591
1	3	10	,2197	1	6	9	,2603
1	3	11	,2209	1	6	10	,2614
1	4		,2221	1	6	11	,2626
1	4	1	,2232	1	7		,2638
1	4	2	,2244	1	7	1	,2649
1	4	3	,2255	1	7	2	,2661
1	4	4	,2267	1	7	3	,2672
1	4	5	,2278	1	7	4	,2684
1	4	6	,229	1	7	5	,2695
1	4	7	,2302	1	7	6	,2707
1	4	8	,2313	1	7	7	,2719
1	4	9	,2325	1	7	8	,273
1	4	10	,2336	1	7	9	,2742
1	4	11	,2348	1	7	10	,2753
1	5		,236	1	7	11	,2765
1	5	1	,2371	1	8		,2777
1	5	2	,2383	1	8	1	,2788
1	5	3	,2394	1	8	2	,28
1	5	4	,2406	1	8	3	,2811
1	5	5	,2417	1	8	4	,2823
1	5	6	,2429	1	8	5	,2834

Pieds.	Pouc.	Lign.	Décim.	Pieds.	Pouc.	Lign.	Décim.
1	8	6	,2846	1	11	5	,325
1	8	7	,2858	1	11	6	,3262
1	8	8	,2869	1	11	7	,3274
1	8	9	,2881	1	11	8	,3285
1	8	10	,2892	1	11	9	,3297
1	8	11	,2904	1	11	10	,3308
1	9		,2916	1	11	11	,332
1	9	1	,2927	2	1		,3471
1	9	2	,2939	2	1	1	,3482
1	9	3	,295	2	1	2	,3494
1	9	4	,2962	2	1	3	,3505
1	9	5	,2973	2	1	4	,3517
1	9	6	,2985	2	1	5	,3528
1	9	7	,2997	2	1	6	,354
1	9	8	,3008	2	1	7	,3552
1	9	9	,302	2	1	8	,3563
1	9	10	,3031	2	1	9	,3575
1	9	11	,3043	2	1	10	,3586
1	10		,3054	2	1	11	,3598
1	10	1	,3065	2	2		,361
1	10	2	,3077	2	2	1	,3621
1	10	3	,3088	2	2	2	,3633
1	10	4	,31	2	2	3	,3644
1	10	5	,3111	2	2	4	,3656
1	10	6	,3123	2	2	5	,3667
1	10	7	,3135	2	2	6	,3679
1	10	8	,3146	2	2	7	,3691
1	10	9	,3158	2	2	8	,3702
1	10	10	,3169	2	2	9	,3714
1	10	11	,3181	2	2	10	,3725
1	11		,3193	2	2	11	,3737
1	11	1	,3204	2	3		,3749
1	11	2	,3216	2	3	1	,376
1	11	3	,3227	2	3	2	,3772
1	11	4	,3239	2	3	3	,3783

Pieds.	Pouc.	Lign.	Décim.	Pieds.	Pouc.	Lign.	Décim.
2	3	4	,3795	2	6	3	,42
2	3	5	,3886	2	6	4	,4212
2	3	6	,3818	2	6	5	,4223
2	3	7	,383	2	6	6	,4235
2	3	8	,3841	2	6	7	,4247
2	3	9	,3853	2	6	8	,4258
2	3	10	,3864	2	6	9	,427
2	3	11	,3876	2	6	10	,4281
2	4		,3888	2	6	11	,4293
2	4	1	,3899	2	7		,4305
2	4	2	,3911	2	7	1	,4316
2	4	3	,3922	2	7	2	,4328
2	4	4	,3934	2	7	3	,4339
2	4	5	,3945	2	7	4	,4351
2	4	6	,3957	2	7	5	,4362
2	4	7	,3969	2	7	6	,4374
2	4	8	,398	2	7	7	,4386
2	4	9	,3992	2	7	8	,4397
2	4	10	,4003	2	7	9	,4409
2	4	11	,4015	2	7	10	,442
2	5		,4027	2	7	11	,4432
2	5	1	,4038	2	8		,4444
2	5	2	,405	2	8	1	,4455
2	5	3	,4061	2	8	2	,4467
2	5	4	,4073	2	8	3	,4478
2	5	5	,4084	2	8	4	,449
2	5	6	,4096	2	8	5	,4501
2	5	7	,4108	2	8	6	,4513
2	5	8	,4119	2	8	7	,4525
2	5	9	,4131	2	8	8	,4536
2	5	10	,4142	2	8	9	,4548
2	5	11	,4154	2	8	10	,4559
2	6		,4166	2	8	11	,4571
2	6	1	,4177	2	9		,4583
2	6	2	,4189	2	9	1	,4594

Pieds.	Pouc.	Lign.	Décim.	Pieds.	Pouc.	Lign.	Décim.
2	9	2	,4606	3	1	1	,5149
2	9	3	,4617	3	1	2	,5161
2	9	4	,4629	3	1	3	,5172
2	9	5	,464	3	1	4	,5184
2	9	6	,4652	3	1	5	,5195
2	9	7	,4664	3	1	6	,5207
2	9	8	,4675	3	1	7	,5219
2	9	9	,4687	3	1	8	,523
2	9	10	,4698	3	1	9	,5242
2	9	11	,471	3	1	10	,5253
2	10		,4721	3	1	11	,5265
2	10	1	,4732	3	2		,5277
2	10	2	,4744	3	2	1	,5288
2	10	3	,4755	3	2	2	,53
2	10	4	,4767	3	2	3	,5311
2	10	5	,4778	3	2	4	,5323
2	10	6	,479	3	2	5	,5334
2	10	7	,4802	3	2	6	,5346
2	10	8	,4813	3	2	7	,5358
2	10	9	,4825	3	2	8	,5369
2	10	10	,4836	3	2	9	,5381
2	10	11	,4848	3	2	10	,5392
2	11		,486	3	2	11	,5404
2	11	1	,4871	3	3		,5416
2	11	2	,4883	3	3	1	,5427
2	11	3	,4894	3	3	2	,5439
2	11	4	,4906	3	3	3	,545
2	11	5	,4917	3	3	4	,5462
2	11	6	,4929	3	3	5	,5473
2	11	7	,4941	3	3	6	,5485
2	11	8	,4952	3	3	7	,5497
2	11	9	,4964	3	3	8	,5508
2	11	10	,4975	3	3	9	,552
2	11	11	,4987	3	3	10	,5531
3	1		,5138	3	3	11	,5543

Pieds.	Pouc.	Lign.	Décim.	Pieds.	Pouc.	Lign.	Décim.
3	4		,5555	3	6	11	,596
3	4	1	,5566	3	7		,5972
3	4	2	,5578	3	7	1	,5983
3	4	3	,5589	3	7	2	,5995
3	4	4	,5601	3	7	3	,6006
3	4	5	,5612	3	7	4	,6018
3	4	6	,5624	3	7	5	,6029
3	4	7	,5636	3	7	6	,6041
3	4	8	,5647	3	7	7	,6053
3	4	9	,5659	3	7	8	,6064
3	4	10	,567	3	7	9	,6076
3	4	11	,5682	3	7	10	,6087
3	5		,5694	3	7	11	,6099
3	5	1	,5705	3	8		,6111
3	5	2	,5717	3	8	1	,6122
3	5	3	,5728	3	8	2	,6134
3	5	4	,574	3	8	3	,6145
3	5	5	,5751	3	8	4	,6157
3	5	6	,5763	3	8	5	,6168
3	5	7	,5775	3	8	6	,618
3	5	8	,5786	3	8	7	,6192
3	5	9	,5798	3	8	8	,6203
3	5	10	,5809	3	8	9	,6215
3	5	11	,5821	3	8	10	,6226
3	6		,5833	3	8	11	,6238
3	6	1	,5844	3	9		,625
3	6	2	,5856	3	9	1	,6261
3	6	3	,5867	3	9	2	,6273
3	6	4	,5879	3	9	3	,6284
3	6	5	,589	3	9	4	,6296
3	6	6	,5902	3	9	5	,6307
3	6	7	,5914	3	9	6	,6319
3	6	8	,5925	3	9	7	,6331
3	6	9	,5937	3	9	8	,6342
3	6	10	,5948	3	9	9	,6354

Pieds.	Pouc.	Lign.	Décim.	Pieds.	Pouc.	Lign.	Décim.
3	9	10	,6365	4	1	9	,6908
3	9	11	,6377	4	1	10	,6919
3	10		,6388	4	1	11	,6931
3	10	1	,6399	4	2		,6943
3	10	2	,6411	4	2	1	,6954
3	10	3	,6422	4	2	2	,6966
3	10	4	,6434	4	2	3	,6977
3	10	5	,6445	4	2	4	,6989
3	10	6	,6457	4	2	5	,7
3	10	7	,6469	4	2	6	,7012
3	10	8	,648	4	2	7	,7024
3	10	9	,6492	4	2	8	,7035
3	10	10	,6503	4	2	9	,7047
3	10	11	,6515	4	2	10	,7058
3	11		,6527	4	2	11	,707
3	11	1	,6538	4	3		,7082
3	11	2	,655	4	3	1	,7093
3	11	3	,6561	4	3	2	,7105
3	11	4	,6573	4	3	3	,7116
3	11	5	,6584	4	3	4	,7128
3	11	6	,6596	4	3	5	,7139
3	11	7	,6608	4	3	6	,7151
3	11	8	,6619	4	3	7	,7163
3	11	9	,6631	4	3	8	,7174
3	11	10	,6642	4	3	9	,7186
3	11	11	,6654	4	3	10	,7197
4	1		,6804	4	3	11	,7209
4	1	1	,6815	4	4		,7221
4	1	2	,6827	4	4	1	,7232
4	1	3	,6838	4	4	2	,7244
4	1	4	,685	4	4	3	,7255
4	1	5	,6861	4	4	4	,7267
4	1	6	,6873	4	4	5	,7278
4	1	7	,6885	4	4	6	,729
4	1	8	,6896	4	4	7	,7302

Pieds.	Pouc.	Lign.	Décim.	Pieds.	Pouc.	Lign.	Décim.
4	4	8	,7313	4	7	7	,7719
4	4	9	,7325	4	7	8	,7720
4	4	10	,7336	4	7	9	,7742
4	4	11	,7348	4	7	10	,7753
4	5		,736	4	7	11	,7765
4	5	1	,7371	4	8		,7777
4	5	2	,7383	4	8	1	,7788
4	5	3	,7394	4	8	2	,78
4	5	4	,7406	4	8	3	,7811
4	5	5	,7417	4	8	4	,7823
4	5	6	,7429	4	8	5	,7834
4	5	7	,7441	4	8	6	,7846
4	5	8	,7452	4	8	7	,7858
4	5	9	,7464	4	8	8	,7869
4	5	10	,7475	4	8	9	,7881
4	5	11	,7487	4	8	10	,7892
4	6		,7499	4	8	11	,7904
4	6	1	,751	4	9		,7916
4	6	2	,7522	4	9	1	,7927
4	6	3	,7533	4	9	2	,7939
4	6	4	,7545	4	9	3	,795
4	6	5	,7556	4	9	4	,7962
4	6	6	,7568	4	9	5	,7973
4	6	7	,758	4	9	6	,7985
4	6	8	,7591	4	9	7	,7997
4	6	9	,7603	4	9	8	,8008
4	6	10	,7614	4	9	9	,802
4	6	11	,7626	4	9	10	,8031
4	7		,7638	4	9	11	,8043
4	7	1	,7649	4	10		,8054
4	7	2	,7661	4	10	1	,8065
4	7	3	,7672	4	10	2	,8077
4	7	4	,7684	4	10	3	,8088
4	7	5	,7695	4	10	4	,81
4	7	6	,7707	4	10	5	,8111

Pieds.	Pouc.	Lign.	Décim.	Pieds.	Pouc.	Lign.	Décim.
4	10	6	,8123	5	2	5	,8667
4	10	7	,8135	5	2	6	,8679
4	10	8	,8146	5	2	7	,8691
4	10	9	,8158	5	2	8	,8702
4	10	10	,8169	5	2	9	,8714
4	10	11	,8181	5	2	10	,8725
4	11		,8193	5	2	11	,8737
4	11	1	,8204	5	3		,8749
4	11	2	,8216	5	3	1	,876
4	11	3	,8227	5	3	2	,8772
4	11	4	,8239	5	3	3	,8783
4	11	5	,825	5	3	4	,8795
4	11	6	,8262	5	3	5	,8806
4	11	7	,8274	5	3	6	,8818
4	11	8	,8285	5	3	7	,883
4	11	9	,8297	5	3	8	,8841
4	11	10	,8308	5	3	9	,8853
4	11	11	,832	5	3	10	,8864
5	1		,8471	5	3	11	,887
5	1	1	,8482	5	4		,8888
5	1	2	,8494	5	4	1	,8899
5	1	3	,8505	5	4	2	,8911
5	1	4	,8117	5	4	3	,8922
5	1	5	,8528	5	4	4	,8934
5	1	6	,854	5	4	5	,8945
5	1	7	,8552	5	4	6	,8957
5	1	8	,8563	5	4	7	,8969
5	1	9	,8575	5	4	8	,898
5	1	10	,8586	5	4	9	,8992
5	1	11	,8598	5	4	10	,9003
5	2		,861	5	4	11	,9015
5	2	1	,8621	5	5		,9027
5	2	2	,8633	5	5	1	,9038
5	2	3	,8644	5	5	2	,905
5	2	4	,8656	5	5	3	,9061

Pieds.	Pouc.	Lign.	Décim.	Pieds.	Pouc.	Lign.	Décim.
5	5	4	,9073	5	8	3	,9478
5	5	5	,9084	5	8	4	,949
5	5	6	,9096	5	8	5	,9501
5	5	7	,9108	5	8	6	,9513
5	5	8	,9119	5	8	7	,9525
5	5	9	,9131	5	8	8	,9536
5	5	10	,9142	5	8	9	,9548
5	5	11	,9154	5	8	10	,9559
5	6		,9166	5	8	11	,9571
5	6	1	,9177	5	9		,9583
5	6		,9189	5	9	1	,9594
5	6	3	,92	5	9	2	,9606
5	6	4	,9212	5	9	3	,9617
5	6	5	,9223	5	9	4	,9629
5	6	6	,9235	5	9	5	,964
5	6	7	,9247	5	9	6	,9652
5	6	8	,9258	5	9	7	,9664
5	6	9	,927	5	9	8	,9675
5	6	10	,9281	5	9	9	,9687
5	6	11	,9293	5	9	10	,9698
5	7		,9305	5	9	11	,971
5	7	1	,9316	5	10		,9721
5	7	2	,9328	5	10	1	,9732
5	7	3	,9339	5	10	2	,9744
5	7	4	,9351	5	10	3	,9755
5	7	5	,9362	5	10	4	,9767
5	7	6	,9374	5	10	5	,9778
5	7	7	,9386	5	10	6	,979
5	7	8	,9397	5	10	7	,9802
5	7	9	,9409	5	10	8	,9813
5	7	10	,942	5	10	9	,9825
5	7	11	,9432	5	10	10	,9836
5	8		,9444	5	10	11	,9848
5	8	1	,9455	5	11		,986
5	8	2	,9467	5	11	1	,9871

Pieds.	Pouc.	Lign.	Décim.	Pieds.	Pouc.	Lign.	Décim.
5	11	2	,9883	5	11	7	,9941
5	11	3	,9894	5	11	8	,9952
5	11	4	,9906	5	11	9	,9964
5	11	5	,9917	5	11	10	,9975
5	11	6	,9929	5	11	11	,9987

TABLE DES DÉCIMALES

Des parties de l'année, de 12 mois, ou de 360 jours.

Des Mois.

Mois.	Décim.	Mois.	Décim.
1	,0833	7	,5833
2	,1666	8	,6666
3	,25	9	,75
4	,3333	10	,8333
5	,4166	11	,9166
6	,5		

Des Jours.

Jours.	Décim.	Jours.	Décim.
1	,0027	12	,0333
2	,0055	13	,0361
3	,0083	14	,0388
4	,0111	15	,0416
5	,0138	16	,0444
6	,0166	17	,0472
7	,0194	18	,05
8	,0222	19	,0527
9	,025	20	,0555
10	,0277	21	,0583
11	,0205	22	,0611

Jours.

Jours.		Décim.	Jours.		Décim.
23		,0638	27		,075
24		,0666	28		,0777
25		,0694	29		,0805
26		,0722			

Des Mois & des Jours.

Mois.	Jours.	Décim.	Mois.	Jours.	Décim.
1		,0834	1	28	,1610
1	1	,086	1	29	,1638
1	2	,0888	2		,1667
1	3	,0916	2	1	,1693
1	4	,0944	2	2	,1721
1	5	,0971	2	3	,1749
1	6	,0999	2	4	,1777
1	7	,1027	2	5	,1804
1	8	,1055	2	6	,1832
1	9	,1083	2	7	,1860
1	10	,1110	2	8	,1888
1	11	,1138	2	9	,1916
1	12	,1166	2	10	,1943
1	13	,1194	2	11	,1971
1	14	,1221	2	12	,1999
1	15	,1249	2	13	,2027
1	16	,1277	2	14	,2054
1	17	,1305	2	15	,2082
1	18	,1333	2	16	,2110
1	19	,1360	2	17	,2138
1	20	,1388	2	18	,2166
1	21	,1416	2	19	,2193
1	22	,1444	2	20	,2221
1	23	,1471	2	21	,2249
1	24	,1499	2	22	,2277
1	25	,1527	2	23	,2304
1	26	,1555	2	24	,2332
1	27	,1583	2	25	,2360

E

Mois.	Jours.	Décim.	Mois.	Jours.	Décim.
2	26	,2388	4	1	,336
2	27	,2416	4	2	,3388
2	28	,2443	4	3	,3416
2	29	,2471	4	4	,3444
3		,25	4	5	,3471
3	1	,2527	4	6	,3499
3	2	,2555	4	7	,3527
3	3	,2583	4	8	,3555
3	4	,2611	4	9	,3583
3	5	,2638	4	10	,361
3	6	,2666	4	11	,3638
3	7	,2694	4	12	,3666
3	8	,2722	4	13	,3694
3	9	,275	4	14	,3721
3	10	,2777	4	15	,3749
3	11	,2805	4	16	,3777
3	12	,2833	4	17	,3805
3	13	,2861	4	18	,3833
3	14	,2888	4	19	,386
3	15	,2916	4	20	,3888
3	16	,2944	4	21	,3916
3	17	,2972	4	22	,3944
3	18	,3	4	23	,3971
3	19	,3027	4	24	,3999
3	20	,3055	4	25	,4027
3	21	,3083	4	26	,4055
3	22	,3111	4	27	,4083
3	23	,3138	4	28	,411
3	24	,3166	4	29	,4138
3	25	,3194	5		,4166
3	26	,3212	5	1	,4193
3	27	,325	5	2	,4221
3	28	,3278	5	3	,4249
3	29	,3305	5	4	,4277
4		,3333	5	5	,4304

Mois.	Jours.	Décim.	Mois.	Jours.	Décim.
5	6	,4332	6	11	,5305
5	7	,436	6	12	,5333
5	8	,4388	6	13	,5361
5	9	,4416	6	14	,5388
5	10	,4443	6	15	,5416
5	11	,4471	6	16	,5444
5	12	,4499	6	17	,5472
5	13	,4527	6	18	,55
5	14	,4554	6	19	,5527
5	15	,4582	6	20	,5555
5	16	,461	6	21	,5583
5	17	,4638	6	22	,5611
5	18	,4666	6	23	,5638
5	19	,4693	6	24	,5666
5	20	,4721	6	25	,5694
5	21	,4749	6	26	,5722
5	22	,4777	6	27	,575
5	23	,4804	6	28	,5778
5	24	,4832	6	29	,5806
5	25	,486	7		,5833
5	26	,4888	7	1	,586
5	27	,4916	7	2	,5888
5	28	,4943	7	3	,5916
5	29	,4971	7	4	,5944
6		,5	7	5	,5971
6	1	,5027	7	6	,5999
6	2	,5055	7	7	,6027
6	3	,5083	7	8	,6055
6	4	,5111	7	9	,6083
6	5	,5138	7	10	,611
6	6	,5166	7	11	,6138
6	7	,5194	7	12	,6166
6	8	,5222	7	13	,6194
6	9	,525	7	14	,6221
6	10	,5277	7	15	,6249

Mois.	Jours.	Décim.	Mois.	Jours.	Décim.
7	16	,6277	8	21	,7249
7	17	,6305	8	22	,7277
7	18	,6333	8	23	,7304
7	19	,636	8	24	,7332
7	20	,6388	8	25	,736
7	21	,6416	8	26	,7388
7	22	,6444	8	27	,7416
7	23	,6471	8	28	,7443
7	24	,6499	8	29	,7471
7	25	,6527	9		,75
7	26	,6555	9	1	,7527
7	27	,6583	9	2	,7555
7	28	,661	9	3	,7583
7	29	,6638	9	4	,7611
8		,6666	9	5	,7638
8	1	,6693	9	6	,7666
8	2	,6721	9	7	,7694
8	3	,6749	9	8	,7722
8	4	,6777	9	9	,775
8	5	,6804	9	10	,7777
8	6	,6832	9	11	,7805
8	7	,686	9	12	,7833
8	8	,6888	9	13	,7861
8	9	,6916	9	14	,7888
8	10	,6943	9	15	,7916
8	11	,6971	9	16	,7944
8	12	,6999	9	17	,7972
8	13	,7027	9	18	,8
8	14	,7054	9	19	,8027
8	15	,7082	9	20	,8055
8	16	,711	9	21	,8083
8	17	,7138	9	22	,8111
8	18	,7166	9	23	,8138
8	19	,7193	9	24	,8166
8	20	,7221	9	25	,8194

Mois.	Jours.	Décim.	Mois.	Jours.	Décim.
9	26	,8222	10	28	,911
9	27	,825	10	29	,9138
9	28	,8277	11		,9166
9	29	,8305	11	1	,9193
10		,8333	11	2	,9221
10	1	,836	11	3	,9249
10	2	,8388	11	4	,9277
10	3	,8416	11	5	,9304
10	4	,8444	11	6	,9332
10	5	,8471	11	7	,936
10	6	,8499	11	8	,9388
10	7	,8527	11	9	,9416
10	8	,8555	11	10	,9443
10	9	,8583	11	11	,9471
10	10	,861	11	12	,9499
10	11	,8638	11	13	,9527
10	12	,8666	11	14	,9554
10	13	,8694	11	15	,9582
10	14	,8721	11	16	,961
10	15	,8749	11	17	,9638
10	16	,8777	11	18	,9666
10	17	,8805	11	19	,9693
10	18	,8833	11	20	,9721
10	19	,886	11	21	,9749
10	20	,8888	11	22	,9777
10	21	,8916	11	23	,9804
10	22	,8944	11	24	,9832
10	23	,8971	11	25	,986
10	24	,8999	11	26	,9888
10	25	,9027	11	27	,9916
10	26	,9055	11	28	,9943
10	27	,9083	11	29	,9971

TABLE DES DÉCIMALES

*de la botte de Soie ou livre de quinze Onces,
ou de 120 Gros.*

Des Onces.

Onces.	Décim.	Onces.	Décim.
1	,0666	8	,5333
2	,1333	9	,6
3	,2	10	,6666
4	,2666	11	,7333
5	,3333	12	,8
6	,4	13	,8666
7	,4666	14	,9333

Des Gros.

Gros.	Décim.	Gros.	Décim.
1	,0083	5	,0416
2	,0166	6	,05
3	,025	7	,0583
4	,0333		

Des Onces & des Gros.

Onces.	Gros.	Décim.	Onces.	Gros.	Décim.
1		,0666	2	5	,1749
1	1	,0749	2	6	,1833
1	2	,0832	2	7	,1916
1	3	,0916	3		,2
1	4	,0999	3	1	,2083
1	5	,1082	3	2	,2166
1	6	,1166	3	3	,215
1	7	,1249	3	4	,2333
2		,1333	3	5	,2416
2	1	,1416	3	6	,25
2	2	,1499	3	7	,2583
2	3	,1583	4		,2666
2	4	,1666	4	1	,2749

Onces.	Gros.	Décim.	Onces.	Gros.	Décim.
4	2	,2832	8	5	,5749
4	3	,2916	8	6	,5833
4	4	,2999	8	7	,5916
4	5	,3083	9		,6
4	6	,3166	9	1	,6083
4	7	,3249	9	2	,6166
5		,3333	9	3	,625
5	1	,3416	9	4	,6333
5	2	,3499	9	5	,6416
5	3	,3583	9	6	,65
5	4	,3666	9	7	,6583
5	5	,3749	10		,6666
5	6	,3833	10	1	,6749
5	7	,3916	10	2	,6832
6		,4	10	3	,6916
6	1	,4083	10	4	,6999
6	2	,4166	10	5	,7082
6	3	,425	10	6	,7166
6	4	,4333	10	7	,7249
6	5	,4416	11		,7333
6	6	,45	11	1	,7416
6	7	,4583	11	2	,7499
7		,4666	11	3	,7583
7	1	,4749	11	4	,7666
7	2	,4832	11	5	,7749
7	3	,4916	11	6	,7833
7	4	,4999	11	7	,7916
7	5	,5082	12		,8
7	6	,5166	12	1	,8083
7	7	,5249	12	2	,8166
8		,5333	12	3	,825
8	1	,5416	12	4	,8333
8	2	,5499	12	5	,8416
8	3	,5583	12	6	,85
8	4	,5666	12	7	,8583

Onces.	Gros.	Décim.	Onces.	Gros.	Décim.
13		,8666	14		,9333
13	1	,8749	14	1	,9416
13	2	,8832	14	2	,9499
13	3	,8916	14	3	,9583
13	4	,8999	14	4	,9666
13	5	,9082	14	5	,9749
13	6	,9166	14	6	,9833
13	7	,9249	14	7	,9916

TABLE DES DÉCIMALES

Des principales Parties de l'Aune.

Aune.		Décim.
$\frac{1}{2}$	ou $\frac{2}{4}$	,5
$\frac{1}{4}$		,25
$\frac{3}{4}$		,75
$\frac{1}{3}$		,3333
$\frac{2}{3}$	ou $\frac{4}{6}$	,6666
$\frac{1}{6}$		,1666
$\frac{2}{6}$	ou $\frac{1}{3}$	,3333
$\frac{3}{6}$	ou $\frac{1}{2}$	,5
$\frac{4}{6}$	ou $\frac{2}{3}$	,6666
$\frac{5}{6}$		,8333
$\frac{1}{8}$		,125
$\frac{2}{8}$	ou $\frac{1}{4}$	,25
$\frac{3}{8}$		,375
$\frac{4}{8}$	ou $\frac{1}{2}$	,5
$\frac{5}{8}$		,625
$\frac{6}{8}$	ou $\frac{3}{4}$	,75
$\frac{7}{8}$		,875
$\frac{1}{12}$		,0833
$\frac{2}{12}$	ou $\frac{1}{6}$	,1666
$\frac{3}{12}$	ou $\frac{1}{4}$	,25
$\frac{4}{12}$	ou $\frac{1}{3}$	,3333
$\frac{5}{12}$		,4166

Aune.		Décim.
$\frac{6}{12}$	ou $\frac{1}{2}$	,5
$\frac{7}{12}$		,5833
$\frac{8}{12}$	ou $\frac{2}{3}$	,6666
$\frac{9}{12}$	ou $\frac{3}{4}$	,75
$\frac{10}{12}$		,8333
$\frac{11}{12}$		,9166
$\frac{1}{16}$		,0625
$\frac{2}{16}$	ou $\frac{1}{8}$	,125
$\frac{3}{16}$		,1875
$\frac{4}{16}$	ou $\frac{1}{4}$	,25
$\frac{5}{16}$		,3125
$\frac{6}{16}$	ou $\frac{3}{8}$	,375
$\frac{7}{16}$		,4375
$\frac{8}{16}$	ou $\frac{1}{2}$	,5
$\frac{9}{16}$		,5626
$\frac{10}{16}$	ou $\frac{5}{8}$	,625
$\frac{11}{16}$		,6875
$\frac{12}{16}$	ou $\frac{3}{4}$	,75
$\frac{13}{16}$		,8125
$\frac{14}{16}$	ou $\frac{7}{8}$	,875
$\frac{15}{16}$		,9375

Fin des Tables des Décimales.

TABLE

POUR

LES INTÉRÊTS COMPOSÉS,

Au moyen de laquelle on trouve , par une Multiplication de Décimales, les Intérêts des Intérêts d'un capital donné.

Cette Table contient , en parties décimales , les Intérêts fur Intérêts de l'*Unité* de livre pour 12 années, depuis le Denier 10 jufques & compris le Denier 25.

Deniers.	10	11	12	13
Années. 1	$\frac{1}{10}$	$\frac{1}{11}$	$\frac{1}{12}$	$\frac{1}{13}$
2	,21	,19082	,17361	,15976
3	,331	,29827	,27141	,24897
4	,4641	,41629	,37736	,34505
5	,61051	,54505	,49214	,44851
6	,77156	,68551	,61648	,55994
7	,94871	,83873	,75119	,67993
8	1,14358	1,00589	,89712	,80916
9	1,35794	1,18825	1,05522	,94832
10	1,59374	1,38718	1,22649	1,0982
11	1,85311	1,60419	1,41203	1,25959
12	2,13842	1,84094	1,61303	1,43341

Deniers.	14	15	16	17
Années. 1	$\frac{1}{14}$	$\frac{1}{15}$	$\frac{1}{16}$	$\frac{1}{17}$
2	,14795	,13777	,1289	,1211
3	,22995	,21362	,19946	,18705
4	,31781	,29453	,27442	,25688
5	,41193	,38084	,35408	,33081
6	,51279	,47289	,43871	,40909
7	,62084	,57108	,5286	,49198
8	,73662	,67582	,62417	,57975
9	,86066	,78755	,72568	,67267
10	,99353	,90672	,83353	,77107
11	1,3597	1,03383	,94813	,87525
12	1,28854	1,16942	1,06989	,98555

Deniers.	18	19	20	21
1	$\frac{1}{18}$	$\frac{1}{19}$	$\frac{1}{20}$	$\frac{1}{21}$
2	,11419	,10803	,1025	,0975
3	,17609	,16635	,15762	,14976
4	,24143	,22773	,2155	,20451
5	,3104	,29235	,27628	,26187
6	,3832	,36037	,34009	,32196
7	,46004	,43197	,4071	,38491
8	,54116	,50733	,47745	,45086
9	,62678	,58667	,55132	,51995
10	,71716	,67018	,62889	,59233
11	,81255	,75808	,71033	,66815
12	,91325	,85061	,79585	,74759

Deniers.	22	23	24	25
1	$\frac{1}{22}$	$\frac{1}{23}$	$\frac{1}{24}$	$\frac{1}{25}$
2	,09297	,08884	,08506	,0816
3	,1431	,13618	,13028	,12486
4	,1947	,18558	,17737	,16985
5	,24889	,23713	,22643	,21665
6	,30566	,29092	,27753	,2653
7	,36501	,34705	,33076	,31593
8	,42705	,40561	,38621	,36856
9	,49192	,46673	,44397	,42331
10	,55973	,5305	,50413	,48024
11	,63063	,59704	,5668	,53945
12	,70475	,66648	,63209	,60103

(Les deux tableaux portent à gauche la mention verticale : ANNÉES.)

QUESTION

D'INTÉRÊTS COMPOSÉS.

Connoître les intérêts des intérêts de 560 liv. au denier 20, pour 5 ans.

Pour réfoudre cette queftion par les décimales, il faut chercher dans la Table des Intérêts compofés, le nombre qui eft dans la colonne du denier 20, & qui fe trouve vis-à-vis la cinquième année; ce nombre eft ,27628; il faut enfuite le multiplier par le capital 560 livres, ce qui donnera le produit de 154,71680 livres, dont on retranchera cinq chiffres (23); il viendra 154 liv. 14 fols 4 den. pour réponfe à la queftion.

Opération.

```
        ,27628
          560
       ─────────
    16  57680
   138  140
   ──────────
   154,│71680 liv.
        │   20
       ─────────
    14,│33600 fols.
        │   12
       ─────────
     4,│03200
```

Nota. Que l'on compare la briéveté de cette méthode avec la longueur & les difficultés de l'opération ordinaire ; on fera convaincu, plus que jamais, des avantages que l'on peut retirer des décimales.

CHANGES ÉTRANGERS.

TABLE

DES DÉCIMALES

DES PARTIES DE LA LIVRE DE COMPTE,

de 20 Sols, ou de 240 Deniers;

Pour la France, l'Angleterre, Basle, Gênes, Genève, Livourne, Milan, Turin & autres, où les Monnoies se divisent en 20 & 12.

Des Sols.

Sols.	Décim.	Sols.	Décim.
1	,05	11	,55
2	,1	12	,6
3	,15	13	,65
4	,2	14	,7
5	,25	15	,75
6	,3	16	,8
7	,35	17	,85
8	,4	18	,9
9	,45	19	,95
10	,5		

Des Deniers.

Den.	Décim.	Den.	Décim.
1	,0041	7	,0291
2	,0083	8	,0333
3	,0125	9	,0375
4	,0166	10	,0416
5	,0208	11	,0458
6	,025		

Des Sols & Deniers.

Sols.	Den.	Décim.	Sols.	Den.	Décim.
1		,05	3	9	,1875
1	1	,0541	3	10	,1916
1	2	,0583	3	11	,1958
1	3	,0625	4		,2
1	4	,0666	4	1	,2041
1	5	,0708	4	2	,2083
1	6	,075	4	3	,2125
1	7	,0791	4	4	,2166
1	8	,0833	4	5	,2208
1	9	,0875	4	6	,225
1	10	,0916	4	7	,2291
1	11	,0958	4	8	,2333
2		,1	4	9	,2375
2	1	,1041	4	10	,2416
2	2	,1083	4	11	,2458
2	3	,1125	5		,25
2	4	,1166	5	1	,2541
2	5	,1208	5	2	,2583
2	6	,125	5	3	,2625
2	7	,129	5	4	,2666
2	8	,1333	5	5	,2708
2	9	,1375	5	6	,275
2	10	,1416	5	7	,2791
2	11	,1458	5	8	,2833
3		,15	5	9	,2875
3	1	,1541	5	10	,2916
3	2	,1583	5	11	,2958
3	3	,1625	6		,3
3	4	,1666	6	1	,3041
3	5	,1708	6	2	,3083
3	6	,175	6	3	,3125
3	7	,1791	6	4	,3166
3	8	,1833	6	5	,3208

Sols.	Den.	Décim.	Sols.	Den.	Décim.
6	6	,325	9	5	,4708
6	7	,3291	9	6	,475
6	8	,3333	9	7	,4791
6	9	,3375	9	8	,4833
6	10	,3416	9	9	,4875
6	11	,3458	9	10	,4916
7		,35	9	11	,4958
7	1	,3541	10		,5
7	2	,3583	10	1	,5041
7	3	,3625	10	2	,5083
7	4	,3666	10	3	,5125
7	5	,3708	10	4	,5166
7	6	,375	10	5	,5208
7	7	,3791	10	6	,525
7	8	,3833	10	7	,5291
7	9	,3875	10	8	,5333
7	10	,3916	10	9	,5375
7	11	,3958	10	10	,5416
8		,4	10	11	,5458
8	1	,4041	11		,55
8	2	,4083	11	1	,5541
8	3	,4125	11	2	,5583
8	4	,4166	11	3	,5625
8	5	,4208	11	4	,5666
8	6	,425	11	5	,5708
8	7	,4291	11	6	,575
8	8	,4333	11	7	,5791
8	9	,4375	11	8	,5833
8	10	,4416	11	9	,5875
8	11	,4458	11	10	,5916
9		,45	11	11	,5958
9	1	,4541	12		,6
9	2	,4583	12	1	,6041
9	3	,4625	12	2	,6083
9	4	,4666	12	3	,6125

Sols.	Den.	Décim.	Sols.	Den.	Décim.
12	4	,6166	15	3	,7625
12	5	,6208	15	4	,7666
12	6	,625	15	5	,7708
12	7	,6291	15	6	,775
12	8	,6333	15	7	,7791
12	9	,6375	15	8	,7833
12	10	,6416	15	9	,7875
12	11	,6458	15	10	,7916
13		,65	15	11	,7958
13	1	,6541	16		,8
13	2	,6583	16	1	,8041
13	3	,6625	16	2	,8083
13	4	,6666	16	3	,8125
13	5	,6708	16	4	,8166
13	6	,675	16	5	,8208
13	7	,6791	16	6	,825
13	8	,6833	16	7	,8291
13	9	,6875	16	8	,8333
13	10	,6916	16	9	,8375
13	11	,6958	16	10	,8416
14		,7	16	11	,8458
14	1	,7041	17		,85
14	2	,7083	17	1	,8541
14	3	,7125	17	2	,8583
14	4	,7166	17	3	,8625
14	5	,7208	17	4	,8666
14	6	,725	17	5	,8708
14	7	,7291	17	6	,875
14	8	,7333	17	7	,8791
14	9	,7375	17	8	,8833
14	10	,7416	17	9	,8875
14	11	,7458	17	10	,8916
15		,75	17	11	,8958
15	1	,7541	18		,9
15	2	,7583	18	1	,9041

Sols.

Sols.	Den.	Décim.	Sols.	Den.	Décim.
18	2	,9083	19	1	,9541
18	3	,9125	19	2	,9583
18	4	,9166	19	3	,9625
18	5	,9208	19	4	,9666
18	6	,925	19	5	,9708
18	7	,9291	19	6	,975
18	8	,9333	19	7	,9791
18	9	,9375	19	8	,9833
18	10	,9416	19	9	,9875
18	11	,9458	19	10	,9916
19		,95	19	11	,9958

AMSTERDAM, ANVERS ET BRUXELLES.

*Du Florin de 20 Sols, le Sol de 16 Penings,
ou 320 Penings.*

Sols.	Décim.	Penings.	Décim.
1	,05	1	,0031
2	,1	2	,0062
3	,15	3	,0093
4	,2	4	,0125
5	,25	5	,0156
6	,3	6	,0187
7	,35	7	,0218
8	,4	8	,025
9	,45	9	,0281
10	,5	10	,0312
11	,55	11	,0343
12	,6	12	,0375
13	,65	13	,0406
14	,7	14	,0437
15	,75	15	,0468
16	,8		
17	,85		
18	,9		
19	,95		

F

Sols.	Penings.	Décim.	Sols.	Penings.	Décim.
1	1	,0531		6	,1687
	2	,0562		7	,1718
	3	,0593		8	,1750
	4	,0625		9	,1781
	5	,0656		10	,1812
	6	,0687		11	,1843
	7	,0718		12	,1875
	8	,0750		13	,1906
	9	,0781		14	,1937
	10	,0812		15	,1968
	11	,0843	4	1	,2031
	12	,0875		2	,2062
	13	,0906		3	,2093
	14	,0937		4	,2125
	15	,0968		5	,2156
2	1	,1031		6	,2187
	2	,1062		7	,2218
	3	,1093		8	,2250
	4	,1125		9	,2281
	5	,1156		10	,2312
	6	,1187		11	,2343
	7	,1218		12	,2375
	8	,1250		13	,2406
	9	,1281		14	,2437
	10	,1312		15	,2468
	11	,1343	5	1	,2531
	12	,1375		2	,2562
	13	,1406		3	,2593
	14	,1437		4	,2625
	15	,1468		5	,2656
3	1	,1531		6	,2687
	2	,1562		7	,2718
	3	,1593		8	,2750
	4	,1625		9	,2781
	5	,1656		10	,2811

Sols.	Pen.	Décim.	Sols.	Pen.	Décim.
	11	,2843	8	1	,4031
	12	,2875		2	,4062
	13	,2906		3	,4093
	14	,2937		4	,4125
6	15	,2968		5	,4156
	1	,3031		6	,4187
	2	,3062		7	,4218
	3	,3093		8	,4250
	4	,3125		9	,4281
	5	,3156		10	,4312
	6	,3187		11	,4343
	7	,3218		12	,4375
	8	,3250		13	,4406
	9	,3281		14	,4437
	10	,3312		15	,4468
	11	,3343	9	1	,4531
	12	,3375		2	,4562
	13	,3406		3	,4593
	14	,3437		4	,4625
	15	,3468		5	,4656
7	1	,3531		6	,4687
	2	,3562		7	,4718
	3	,3593		8	,4750
	4	,3625		9	,4781
	5	,3656		10	,4812
	6	,3687		11	,4843
	7	,3718		12	,4875
	8	,3750		13	,4906
	9	,3781		14	,4937
	10	,3812		15	,4968
	11	,3843	10	1	,5031
	12	,3875		2	,5062
	13	,3906		3	,5093
	14	,3937		4	,5125
	15	,3968		5	,5156

Sols.	Pen.	Décim.	Sols.	Pen.	Décim.
	6	,5187		11	,6343
	7	,5218		12	,6375
	8	,5250		13	,6406
	9	,5281		14	,6437
	10	,5312		15	,6468
	11	,5343	13	1	,6531
	12	,5375		2	,6562
	13	,5406		3	,6593
	14	,5437		4	,6625
	15	,5468		5	,6656
11	1	,5531		6	,6687
	2	,5562		7	,6718
	3	,5593		8	,6750
	4	,5625		9	,6781
	5	,5656		10	,6812
	6	,5687		11	,6843
	7	,5718		12	,6875
	8	,5750		13	,6906
	9	,5781		14	,6937
	10	,5812		15	,6968
	11	,5843	14	1	,7031
	12	,5875		2	,7062
	13	,5906		3	,7093
	14	,5937		4	,7125
	15	,5968		5	,7156
12	1	,6031		6	,7187
	2	,6062		7	,7218
	3	,6093		8	,7250
	4	,6125		9	,7281
	5	,6156		10	,7312
	6	,6187		11	,7343
	7	,6218		12	,7375
	8	,6250		13	,7406
	9	,6281		14	,7437
	10	,6312		15	,7468

Sols.	Pen.	Décim.	Sols.	Pen.	Décim.
15	1	,7531		6	,8637
	2	,7562		7	,8718
	3	,7593		8	,8750
	4	,7625		9	,8781
	5	,7656		10	,8812
	6	,7687		11	,8843
	7	,7718		12	,8875
	8	,7750		13	,8906
	9	,7781		14	,8937
	10	,7812		15	,8968
	11	,7843	18	1	,9031
	12	,7875		2	,9062
	13	,7906		3	,9093
	14	,7937		4	,9125
	15	,7968		5	,9156
16	1	,8031		6	,9187
	2	,8062		7	,9218
	3	,8093		8	,9250
	4	,8125		9	,9281
	5	,8156		10	,9312
	6	,8187		11	,9343
	7	,8218		12	,9375
	8	,8250		13	,9406
	9	,8281		14	,9437
	10	,8312		15	,9468
	11	,8343	19	1	,9531
	12	,8375		2	,9562
	13	,8406		3	,9593
	14	,8437		4	,9625
	15	,8468		5	,9656
17	1	,8531		6	,9687
	2	,8562		7	,9718
	3	,8593		8	,9750
	4	,8625		9	,9781
	5	,8656		10	,9812

Sols.	Pen.	Décim.	Sols.	Pen.	Décim.
19	11	,9843	19	14	,9937
	12	,9875		15	,9968
	13	,9906			

HAMBOURG.

Le Marc de 16 Sols, & le Sol de 12 Deniers,
ou 192 Deniers.

Sols.

Sols.	Décim.	Sols.	Décim.
1	,0625	9	,5625
2	,1250	10	,6250
3	,1875	11	,6875
4	,25	12	,7500
5	,3125	13	,8125
6	,3750	14	,8750
7	,4375	15	,9375
8	,5000		

Deniers.

Den.	Décim.	Den.	Décim.
1	,0052	7	,0364
2	,0104	8	,0416
3	,0156	9	,0468
4	,0208	10	,0520
5	,0260	11	,0572
6	,0312		

Sols & Deniers.

Sols.	Den.	Décim.	Sols.	Den.	Décim.
1	1	,0677		5	,0885
	2	,0730		6	,0937
	3	,0781		7	,0990
	4	,0833		8	,1041

Sols.	Den.	Décim.	Sols.	Den.	Décim.
	9	,1093		11	,3072
	10	,1145	5	1	,3177
	11	,1197		2	,3229
2	1	,1302		3	,3281
	2	,1354		4	,3333
	3	,1406		5	,3385
	4	,1458		6	,3437
	5	,1510		7	,3489
	6	,1562		8	,3541
	7	,1614		9	,3593
	8	,1656		10	,3645
	9	,1718		11	,3697
	10	,1770	6	1	,3802
	11	,1822		2	,3854
3	1	,1927		3	,3906
	2	,1980		4	,3958
	3	,2031		5	,4050
	4	,2083		6	,4062
	5	,2135		7	,4114
	6	,2187		8	,4166
	7	,2240		9	,4218
	8	,2291		10	,4270
	9	,2343		11	,4322
	10	,2395	7	1	,4427
	11	,2447		2	,4479
4	1	,2552		3	,4531
	2	,2604		4	,4583
	3	,2656		5	,4635
	4	,2708		6	,4687
	5	,2760		7	,4739
	6	,2812		8	,4791
	7	,2864		9	,4843
	8	,2918		10	,4895
	9	,2968		11	,4947
	10	,3020	8	1	,5052

Sols.	Den.	Décim.	Sols.	Den.	Décim.
	2	,5104		4	,7083
	3	,5156		5	,7135
	4	,5208		6	,7187
	5	,5260		7	,7239
	6	,5312		8	,7281
	7	,5364		9	,7343
	8	,5416		10	,7395
	9	,5468		11	,7447
	10	,5520	12	1	,7552
	11	,5572		2	,7604
9	1	,5677		3	,7656
	2	,5729		4	,7708
	3	,5781		5	,7760
	4	,5833		6	,7812
	5	,5885		7	,7864
	6	,5937		8	,7916
	7	,5987		9	,7968
	8	,6041		10	,8020
	9	,6093		11	,8072
	10	,6145	13	1	,8177
	11	,6177		2	,8229
10	1	,6302		3	,8281
	2	,6354		4	,8333
	3	,6406		5	,8385
	4	,6458		6	,8437
	5	,6510		7	,8489
	6	,6562		8	,8541
	7	,6614		9	,8583
	8	,6666		10	,8645
	9	,6718		11	,8697
	10	,6770	14	1	,8802
	11	,6822		2	,8854
11	1	,6927		3	,8906
	2	,6979		4	,8958
	3	,7031		5	,9010

Sols.	Den.	Décim.	Sols.	Den.	Décim.
	6	,9062		4	,9583
	7	,9114		5	,9635
	8	,9166		6	,9687
	9	,9218		7	,9739
	10	,9270		8	,9791
	11	,9322		9	,9843
15	1	,9427		10	,9895
	2	,9479		11	,9947
	3	,9531			

MADRID, CADIX, &c.

Décimales pour le Réal de 34 Maravedis.

Maravedis.	Décim.	Maravedis.	Décim.
1	,0294	18	,5249
2	,0588	19	,5583
3	,0882	20	,5882
4	,1176	21	,6176
5	,1470	22	,6470
6	,1764	23	,6764
7	,2058	24	,7058
8	,2352	25	,7352
9	,2647	26	,7647
10	,2941	27	,7941
11	,3235	28	,8235
12	,3529	29	,8529
13	,3823	30	,8823
14	,4117	31	,9117
15	,4411	32	,9411
16	,4705	33	,9705
17	,5000		

Décimales du Réal de Platte de 16 Quartos.

Quartos.	Décim.	Quartos.	Décim.
1	,0625	9	,5625
2	,125	10	,625
3	,1875	11	,6875
4	,25	12	,75
5	,3125	13	,8125
6	,375	14	,875
7	,4575	15	,9375
8	,5		

LEIPSICK ET BERLIN.

La Rixdalle de 24 Bons Gros, le Bon Gros de 12 Penings, ou de 288 Penings.

Bons Gros.	Décim.	Bons Gros.	Décim.
1	,0416	13	,5416
2	,0833	14	,5833
3	,125	15	,625
4	,1666	16	,6666
5	,2083	17	,7083
6	,25	18	,75
7	,2916	19	,7916
8	,3333	20	,8333
9	,375	21	,875
10	,4166	22	,9166
11	,4583	23	,9583
12	,5		

Penings.

Penings.	Décim.	Penings.	Décim.
1	,0034	7	,0242
2	,0069	8	,0277
3	,0104	9	,0312
4	,0138	10	,0346
5	,0172	11	,0380
6	,0208		

Bons G.	Pen.	Décim.	Bons G.	Pen.	Décim.
1	1	,0450		3	,1770
	2	,0485		4	,1804
	3	,0520		5	,1838
	4	,0554		6	,1874
	5	,0588		7	,1908
	6	,0624		8	,1943
	7	,0658		9	,1978
	8	,0693		10	,2012
	9	,0728		11	,2046
	10	,0762	5	1	,2117
	11	,0796		2	,2152
2	1	,0867		3	,2187
	2	,0902		4	,2221
	3	,0937		5	,2255
	4	,0971		6	,2291
	5	,1005		7	,2325
	6	,1041		8	,2360
	7	,1075		9	,2395
	8	,1110		10	,2429
	9	,1145		11	,2463
	10	,1179	6	1	,2534
	11	,1213		2	,2569
3	1	,1284		3	,2604
	2	,1319		4	,2638
	3	,1354		5	,2672
	4	,1388		6	,2708
	5	,1422		7	,2742
	6	,1458		8	,2772
	7	,1492		9	,2812
	8	,1527		10	,2846
	9	,1562		11	,2880
	10	,1596	7	1	,2950
	11	,1630		2	,2985
4	1	,1700		3	,3020
	2	,1735		4	,3054

Bons G.	Pen.	Décim.	Bons G.	Pen.	Décim.
	5	,3088		7	,4408
	6	,3124		8	,4443
	7	,3158		9	,4478
	8	,3193		10	,4512
	9	,3228		11	,4546
	10	,3262	11	1	,4617
	11	,3296		2	,4652
8	1	,3367		3	,4687
	2	,3402		4	,4721
	3	,3437		5	,4755
	4	,3471		6	,4791
	5	,3505		7	,4825
	6	,3541		8	,4860
	7	,3575		9	,4895
	8	,3610		10	,4929
	9	,3645		11	,4963
	10	,3679	12	1	,5034
	11	,3713		2	,5069
9	1	,3784		3	,5104
	2	,3819		4	,5138
	3	,3854		5	,5172
	4	,3888		6	,5208
	5	,3922		7	,5242
	6	,3958		8	,5277
	7	,3992		9	,5312
	8	,4027		10	,5346
	9	,4062		11	,5380
	10	,4096	13	1	,5450
	11	,4130		2	,5485
10	1	,4200		3	,5520
	2	,4235		4	,5554
	3	,4270		5	,5588
	4	,4304		6	,5627
	5	,4338		7	,5658
	6	,4374		8	,5693

Bons G.	Pen.	Décim.	Bons G.	Pen.	Décim.
	9	,5728		11	,6046
	10	,5762	17	1	,7117
	11	,5796		2	,7152
14	1	,5867		3	,7187
	2	,5902		4	,7221
	3	,5937		5	,7251
	4	,5971		6	,7291
	5	,6005		7	,7325
	6	,6041		8	,7360
	7	,6075		9	,7395
	8	,6110		10	,7429
	9	,6145		11	,7463
	10	,6179	18	1	,7534
	11	,6213		2	,7569
15	1	,6284		3	,7604
	2	,6319		4	,7638
	3	,6354		5	,7672
	4	,6388		6	,7708
	5	,6422		7	,7742
	6	,6458		8	,7777
	7	,6492		9	,7812
	8	,6527		10	,7846
	9	,6562		11	,7880
	10	,6596	19	1	,7950
	11	,6630		2	,7985
16	1	,6700		3	,8020
	2	,6735		4	,8054
	3	,6770		5	,8088
	4	,6804		6	,8124
	5	,6838		7	,8158
	6	,6874		8	,8193
	7	,6908		9	,8228
	8	,6943		10	,8262
	9	,6978		11	,8296
	10	,7012	20	1	,8367

Bons G. Pen.		Décim.	Bons G. Pen.		Décim.
	2	,8402		2	,9235
	3	,8437		3	,9270
	4	,8471		4	,9304
	5	,8505		5	,9338
	6	,8541		6	,9374
	7	,8575		7	,9408
	8	,8610		8	,9443
	9	,8645		9	,9478
	10	,8679		10	,9512
	11	,8713		11	,9546
21	1	,8784	23	1	,9617
	2	,8819		2	,9652
	3	,8854		3	,9687
	4	,8888		4	,9721
	5	,8922		5	,9755
	6	,8958		6	,9791
	7	,8992		7	,9825
	8	,9027		8	,9860
	9	,9062		9	,9895
	10	,9096		10	,9929
	11	,9130		11	,9963
22	1	,9200			

FRANCFORT SUR LE MEIN, ET ST. GALL.

La Rixdalle de 90 Creutzers.

Creutzers.	Décim.	Creutzers.	Décim.
1	,0111	8	,0888
2	,0222	9	,1
3	,0333	10	,1111
4	,0444	11	,1222
5	,0555	12	,1333
6	,0666	13	,1444
7	,0777	14	,1555

Creutzers.	Décim.	Creutzers.	Décim.
15	,1666	50	,5555
16	,1777	51	,5666
17	,1888	52	,5777
18	,2	53	,5888
19	,2111	54	,6
20	,2222	55	,6111
21	,2333	56	,6222
22	,2444	57	,6333
23	,2555	58	,6444
24	,2666	59	,6555
25	,2777	60	,6666
26	,2888	61	,6777
27	,3	62	,6888
28	,3111	63	,7
29	,3222	64	,7111
30	,3333	65	,7222
31	,3444	66	,7333
32	,3555	67	,7444
33	,3666	68	,7555
34	,3777	69	,7666
35	,3888	70	,7777
36	,4	71	,7888
37	,4111	72	,8
38	,4222	73	,8111
39	,4333	74	,8222
40	,4444	75	,8333
41	,4555	76	,8444
42	,4666	77	,8555
43	,4777	78	,8665
44	,4888	79	,8777
45	,5	80	,8888
46	,5111	81	,9
47	,5222	82	,9111
48	,5333	83	,9222
49	,5444	84	,9333

Creutzers.	Décim.	Creutzers.	Décim.
85	,9444	88	,9777
86	,9555	89	,9888
87	,9666		

VIENNE ET NUREMBERG.

Florin de 60 Creutzers, & le Creutzer de 4 Penings,
ou 240 Penings.

Creutzers.	Décim.	Creutzers.	Décim.
1	,0166	26	,4333
2	,0333	27	,45
3	,05	28	,4666
4	,0666	29	,4833
5	,0833	30	,5
6	,1	31	,5166
7	,1166	32	,5333
8	,1333	33	,55
9	,15	34	,5666
10	,1666	35	,5833
11	,1833	36	,6
12	,2	37	,6166
13	,2166	38	,6333
14	,2333	39	,65
15	,25	40	,6666
16	,2666	41	,6833
17	,2833	42	,7
18	,3	43	,7166
19	,3166	44	,7333
20	,3333	45	,75
21	,35	46	,7666
22	,3666	47	,7833
23	,3833	48	,8
24	,4	49	,8166
25	,4166	50	,8333

Creutzers.

Creutzers.	Décim.	Creutzers.	Décim.
51	,85	56	,9333
52	,8666	57	,95
53	,8833	58	,9666
54	,9	59	,9833
55	,9166		

Penings.

Penings.	Décim.	Penings.	Décim.
1	,0041	3	,0125
2	,0083		

Creutzers & Penings.

Creut.	Pen.	Décim.	Creut.	Pen.	Décim.
1	1	,0207	8	1	,1374
	2	,0249		2	,1416
	3	,0291		3	,1458
2	1	,0374	9	1	,1541
	2	,0416		2	,1583
	3	,0458		3	,1625
3	1	,0541	10	1	,1707
	2	,0583		2	,1749
	3	,0625		3	,1791
4	1	,0707	11	1	,1874
	2	,0749		2	,1916
	3	,0791		3	,1958
5	1	,0874	12	1	,2041
	2	,0916		2	,2083
	3	,0958		3	,2125
6	1	,1041	13	1	,2207
	2	,1083		2	,2249
	3	,1125		3	,2291
7	1	,1207	14	1	,2374
	2	,1249		2	,2416
	3	,1291		3	,2458

G

Creut.	Pen.	Décim.	Creut.	Pen.	Décim.
15	1	,2541		3	,4458
	2	,2583	27	1	,4541
	3	,2625		2	,4583
16	1	,2707		3	,4625
	2	,2749	28	1	,4707
	3	,2791		2	,4749
17	1	,2874		3	,4791
	2	,2916	29	1	,4874
	3	,2958		2	,4916
18	1	,3041		3	,4958
	2	,3083	30	1	,4874
	3	,3125		2	,5083
19	1	,3207		3	,5125
	2	,3249	31	1	,5297
	3	,3291		2	,5249
20	1	,3374		3	,5291
	2	,3416	32	1	,5374
	3	,3458		2	,5416
21	1	,3541		3	,5458
	2	,3583	33	1	,5541
	3	,3625		2	,5583
22	1	,3707		3	,5625
	2	,3749	34	1	,5707
	3	,3791		2	,5749
23	1	,3874		3	,5791
	2	,3916	35	1	,5874
	3	,3958		2	,5916
24	1	,4041		3	,5958
	2	,4083	36	1	,6041
	3	,4125		2	,6083
25	1	,4207		3	,6125
	2	,4249	37	1	,6207
	3	,4291		2	,6249
26	1	,4374		3	,6291
	2	,4416	38	1	,6374

Creut.	Pen.	Décim.	Creut.	Pen.	Décim.
	2	,6416		2	,8249
	3	,6458		3	,8291
39	1	,6541	50	1	,8374
	2	,6583		2	,8416
	3	,6625		3	,8458
40	1	,6707	51	1	,8541
	2	,6749		2	,8583
	3	,6791		3	,8625
41	1	,6874	52	1	,8707
	2	,6916		2	,8749
	3	,6958		3	,8791
42	1	,7041	53	1	,8874
	2	,7083		2	,8916
	3	,7125		3	,8958
43	1	,7207	54	1	,9041
	2	,7249		2	,9083
	3	,7291		3	,9125
44	1	,7374	55	1	,9207
	2	,7416		2	,9249
	3	,7458		3	,9291
45	1	,7541	56	1	,9374
	2	,7583		2	,9416
	3	,7625		3	,9458
46	1	,7707	57	1	,9541
	2	,7749		2	,9583
	3	,7791		3	,9625
47	1	,7874	58	1	,9707
	2	,7916		2	,9749
	3	,7958		3	,9791
48	1	,8041	59	1	,9874
	2	,8916		2	,9916
	3	,8958		3	,9958
49	1	,8207			

Pour le Ducat de Venise de 24 Grosses.

Grosses.	Décim.	Grosses.	Décim.
1	,0416	13	,5416
2	,0833	14	,5833
3	,1249	15	,6249
4	,1666	16	,6666
5	,2083	17	,7083
6	,25	18	,75
7	,2916	19	,7916
8	,3332	20	,8332
9	,375	21	,875
10	,4166	22	,9166
11	,4583	23	,9583
12	,5		

QUESTIONS

Sur la Multiplication complexe, opérée par la voie ordinaire.

PREMIÈRE QUESTION (a).

Savoir ce que coûteront 73 aunes, si l'aune vaut 18 liv. 19 f. 6 deniers?

On voit, par l'énoncé de la queſtion, que c'eſt 18 livres 19 fols 6 deniers à multiplier par 73 aunes.

Par la façon ordinaire.

```
73
18 l. 19 f. 6 d.
------------------
 584
 730
  65    14
   3    13
   1    16    6
------------------
1385 l.  3 f. 6 d. valeur des 73 aunes.
```

SECONDE QUESTION (b).

Si la livre de canelle coûte 15 livres 6 fols 3 deniers, combien coûteront 38 ℔ 14 onces 6 gros ?

(a) Voyez page 18, par les décimales.
(b) Voyez page 19, par les décimales.

1°. *Par les parties aliquotes.*

		38 ℔	14 onc.	6 gros.
		15 liv.	6 f.	3 den.

		190		
		380		
Pour	5 f.	9	10	
	1	1	18	
	3 d.	0	9	6
	8 onc. 7	13	1	
	4	3	16	6
	2	1	18	3
	4 gros 0	9	6	
	2	0	4	9
		595 liv.	19 f.	7 den.

2°. *En réduisant les livres & les onces en gros.*

	4982 gros = 38 ℔ 14 onc. 6 gros.		
	15 liv.	6 f.	3 den.
24910			
49820			
1245	10		
249	2		
62	5	6	
76286	17	6	

Il faut enfuite divifer le produit 76286 liv. 17 fols 6 den. par 128, afin d'avoir le vrai produit, parce qu'en réduifant les livres de poids en gros, on les a multipliées par 16 pour les mettre en onces, & enfuite par 8 pour les mettre en gros, ce qui a rendu le nombre 128 fois plus grand; donc le produit eft 128 fois trop grand; donc il faut le divifer par 128.

Opération.

$$76286 \text{ liv. } 17 \text{ fols } 6 \text{ den.} \left\{ \begin{array}{l} 128 \\ \overline{595 \text{ liv. } 19 \text{ f. } 9 \text{ d.}} \end{array} \right.$$

1228
766
126
20
2537 fols.
1257
105
12
1266 den.
114

TROISIÈME QUESTION (a).

Si 1 liv. gagne 4 liv. 4 fols 4 den., combien gagneront 4 liv. 4 fols 4 den. ?

1°. *Par les parties aliquotes.*

4 liv.	4 fols	4 den.	
4	4	4	
16	17	4	60
	16	10 $\frac{2}{5}$ 24	12
	1	4 $\frac{52}{60}$ 52	1
17	15	7 $\frac{76}{60}$ = 1 den. $+ \frac{4}{15}$,	

Nota. Voyez la démonftration de cette queftion dans mon *Arithmétique méthodique*, pages 57 & 58.

(a) Voyez page 21, par les décimales.

2°. *En réduifant un des deux nombres en deniers.*

```
1012 d.
   4 l.    4 f.    4 d.
 ─────────────────────────
 4048
  202      8
   16     17       4
 ─────────────────────────
 4267      5       4  ⎧  240
 ─────────────────────────
 1867               ⎨  17 l. 15 f. 7 d. + 4/15.
  187 l.
   20
 ─────────
 3745 f.
 1345
  145
   12
 ─────────
 1744
   64
```

J'ai divifé le produit 4267 liv. 5 fols 4 den.
par 240, parce qu'ayant réduit un des deux nombres en deniers, je l'ai rendu 240 fois plus grand ;
donc le produit 4267 liv. 5 fols 4 den. fe trouve
être 240 fois trop grand ; donc il étoit néceffaire
de le divifer par 240.

QUATRIÈME QUESTION (a).

Connoître la superficie d'une cour qui a 15 toises 4 pieds 10 pouces 6 lignes de long, sur 13 toises 3 pieds 7 pouces 8 lignes de large?

1°. Par les parties aliquotes.

	toises	pieds	pouces	lignes		
Longueur 15	4	10	6			
Largeur 13	3	7	8			
	45 toises					
	150					
Pour 3 pieds d'en bas.	7	3				
Pour 6 pouc.	1	1	6			
Pour 1 pouc.	0	1	3			
Pour 6 lignes	0	0	7	6		
Pour 2 lignes	0	0	2	6		
Pour 3 pieds d'en haut.	6	4	9	10		
Pour 1 pied	2	1	7	3	$\frac{1}{3}$ ou $\frac{12}{36}$
Pour 6 pouc.	1	0	9	7	$\frac{2}{3}$ ou $\frac{24}{36}$
Pour 3 pouc.	0	3	4	9	$\frac{5}{6}$ ou $\frac{30}{36}$
Pour 1 pouc.	0	1	1	7	$\frac{1}{8}$ ou $\frac{10}{36}$
Pour 6 lignes	0	0	6	9	$\frac{23}{36}$

215 toises 0 pieds 10 pouc. 11 $\frac{3}{4}$ de ligne de toises quarrées.

La cour a 215 toises quarrées; plus 10 pouces 11 lignes $\frac{3}{4}$ de toises quarrées.

Ces sortes de questions, qui sont extrêmement vétilleuses & longues par cette méthode, deviennent très-faciles par les décimales, comme on peut le voir aux pages 22, 23 & 24.

(a) Voyez page 22, par les décimales.

2°. *En réduifant un terme en lignes.*

13662 lignes de longueur.

13 toifes 3 pieds 7 pouces 8 lignes.

```
  40986
 136620
   6831
   1138   3
    189   4   6
     94   5   3
     31   3   9
 185891   4   6 ₍864
```
```
   1309              ₍215 toif. 0 pieds 10 pouc. 11 lignes + 3/4.
   4451
    131
      6
```
```
    790
     12
   9486
    846
     12
  10152
   1512
    648
    864 = 3/4.
```

J'ai divifé le produit par 864, pour avoir la réponfe, parce que, en réduifant un des nombres en lignes, je l'ai rendu 864 fois p'us grand ; donc le produit eft 864 fois trop fort ; donc il falloit le divifer par 864.

Cinquième Question (a).

Savoir ce qu'il faut donner à Pierre pour 7 ans

(a) Voyez page 24, par les décimales.

8 mois 20 jours de ses gages, à raison de 164 liv. par an ?

1°. Par les parties aliquotes.

164 liv.		
7 ans 8 mois 20 jours.		
1148 liv.		
82		
27	6 f.	8 den.
6	16	8
2	5	6
1266	8	10 qu'il faut payer.

QUESTIONS

Sur la Division composée, par les méthodes ordinaires.

PREMIÈRE QUESTION (a).

Savoir la valeur d'une toise, si 31 toises 2 pieds 4 pouces coûtent 379 liv. 14 sols 9 den. ?

On voit, suivant l'énoncé de la question, que, pour la résoudre, il faut diviser 379 liv. 14 sols 9 den. par 31 toises 2 pieds 4 pouces : mais, comme le diviseur contient diverses espèces, il faut le réduire en la plus petite, c'est-à-dire, en pouces, ce qui donnera 2260 pouces pour diviseur ; mais ce diviseur n'est plus en même proportion avec le dividende, puisqu'il est 72 fois plus grand (parce que la toise vaut 72 pouces) ; donc pour rétablir la proportion (78 *) il faut aussi multiplier le dividende 379 liv. 14 sols 9 den. par 72, ce qui donnera 27341 liv. 2 sols pour dividende.

____

(a) Voyez la page 25, par les décimales.

Opération.

27341 liv. 2 fols ⟨ 2260
———————————————————
  4741 ⟨   12 liv. 1 fol 11 den.
   221
    20
———
  4422
  2162
   12
———
25944
 3344
 1084

SECONDE QUESTION (a).

Savoir la valeur d'un marc d'argent, fi 13 marcs 7 onces 4 gros coûtent 684 livres ?

Pour réſoudre cette queſtion, il faut diviſer 684 liv. par 13 marcs 7 onces 4 gros ; comme le diviſeur contient diverſes eſpèces, il faut le réduire en la plus petite, c'eſt-à-dire, en gros, ce qui rend le diviſeur 64 fois plus grand ; donc il faut auſſi multiplier le dividende 684 par 64, ce qui donnera 43776 liv. à diviſer par 892 gros.

OPÉRATION

Par la Réduction.

 43776 liv. ⟨ 892 gros.
———————————————————
  8096 ⟨ 49 liv. 1 fol 6 den.
   68 liv.
    20
———
 1360 ſols.
  468
   12
———
 5616 den.
  264

(a) Voyez la page 26, par les décimales.

TROISIÈME QUESTION (a).

On demande le prix d'une aune de toile, fi
65 aunes ¾ coûtent 845 liv. 10 fols 6 den. ?

Pour réfoudre cette queftion, il faut divifer 845
livres 10 fols 6 den. par 65 ¾ ; mais, comme il y
a au divifeur des entiers & fractions, il faut réduire
ce divifeur en quarts, ce qui donnera 263 (78*)
pour divifeur ; il faut auffi multiplier le dividende
845 liv. 10 fols 6 den. par 4, ce qui fera 3382 liv.
2 fols à divifer par 263.

$$
\begin{array}{l|l}
3382 \text{ liv. } 2 \text{ f.} & 263 \\
\hline
752 & 12 \text{ l. } 17 \text{ f. } 2 \text{ d.} \\
226 & \\
20 & \\
\hline
4522 \text{ f.} & \\
1892 & \\
51 & \\
12 & \\
\hline
612 & \\
86 &
\end{array}
$$

(a) Voyez la page 27 , par les décimales.

RÈGLE DE TROIS,

OU DE PROPORTION (a).

PREMIÈRE QUESTION (b).

Si 73 aunes coûtent 334 livres 9 fols 11 den., combien 100 aunes ?

OPÉRATION

Par la façon ordinaire.

PROPORTION.

73 : 334 liv. 9 fols 11 den. :: 100 : X.

```
            100
      ─────────────────────
        33400
          40      0
           5      0
           2     10
           1      5
                 16       8
      ─────────────────────
        33449    11       8 ⌠ 73
          424             ⌡ 458 liv. 4 f. 3 den.
          599
           15 liv.
           20
         ──────
          311 f.
           19 f.
           12
         ──────
          236 d.
           17
```

<hr>

(a) Voyez la définition & la démonftration de la Règle de Trois, dans mon *Arithmetique Méthodique*, *page 75* & *fuivantes.*

(b) Voyez la page 29, par les décimales.

SECONDE QUESTION (a).

Savoir la valeur de 17 aunes $\frac{7}{8}$, fi 48 aunes coûtent 64 liv. 12 fols 3 den.?

1°. Par la Pratique ordinaire.

PROPORTION.

48 aunes : 64 l. 12 f. 3 d. :: 17 aun. $\frac{7}{8}$: X.

$$
\begin{array}{lll}
17\ \frac{7}{8} & & \\
\hline
448 & & \\
640 & & \\
10 & 4 & \\
0 & 4 & 3 \\
32 & 6 & 1\ \frac{1}{2} \\
 & & \frac{3}{4} \\
16 & 3 & \frac{3}{8} \\
8 & 1 & 6\ \frac{3}{8} \\
\hline
1154 & 18 & 11\ \frac{5}{8} \\
194 & & \\
2 & & \\
58\ \text{f.} & & \\
10 & & \\
131\ \text{d.} & & \\
\text{Refte}\quad 35\ \text{d.} + \frac{7}{8} & &
\end{array}
$$

$\left\{\begin{array}{l} 48 \\ 24\ \text{l. } 1\ \text{f. } 2\ \text{d.} \end{array}\right.$

(a) Voyez la page 30, par les décimales.

TROISIÈME QUESTION (a).

Connoître la valeur de 12 aunes $\frac{2}{3}$, fi $\frac{7}{8}$ coûtent 4 liv. 18 fols?

OPÉRATION

Par la voie ordinaire.

En réduifant les deux antécédents $12 + \frac{2}{3}$ & $\frac{7}{8}$ en même dénomination, c'eft-à-dire, en 24e, comme on peut le voir à l'article 104 de mon *Traité d'Arithmétique Méthodique*, page 120.

Proportions.

$$\frac{7}{8} : 4 \text{ l. } 18 \text{ f. } :: \frac{38}{3} : X$$
ou

$$\frac{21}{24} : 4 \text{ l. } 18 \text{ f. } :: \frac{304}{24} : X$$
ou (205 *)

$$21 : 4 \text{ l. } 18 \text{ f. } :: 304 : X$$

304		
4	18	
1216		
273	12	
1489	12	21
19		70 l. 18 f. 8 d.
20		
392		
182		
14		
168		
00		

(a) Voyez la page 31, par les décimales.

QUATRIÈME

QUATRIÈME QUESTION (a).

Savoir la valeur de 100 marcs d'argent, fi 6 marcs 4 onces 2 gros coûtent 234 livres 16 fols 3 den. ?

Proportion.

6 m. 4 on. 2 g. : 234 l. 16 f. 3 d. :: 100 m. : X
8   8
—————   —————
52 onc.   800 onc.
8   8
—————   —————
418 gros : 234 liv. 16 f. 3 den. :: 6400 g. : X
            6400
        234 liv. 16 fols 3 den.
    ————————————————————————
        93600
      1404000
        5120
          80
    ————————————————————————
    1502800 liv.   ⎰ 418
    —————————   ⎱ 3595 liv. 4 f. 3 den.
      2488
      3980
       2180
         90
        20 fols.
    —————————
      1800
       128
        12
    —————————
    1536 den.
     281

On a réduit le premier terme & le troifième en gros, parce que le premier terme en contenoit. On voit, par le quotient, que les 100 marcs coûteront 3595 liv. 4 fols 3 den.

———————————————

(a) Voyez la page 34, par les décimales.

CHANGES ÉTRANGERS.

PREMIÈRE QUESTION (a).

Savoir combien 6476 liv. 17 f. 6 den. tournois feront de florins courans de Hollande, le change à 56 den. pour 1 ▽, agio à 4 pour ⸪.

$$\left.\begin{array}{l}3 \text{ liv.}\\ 40 \text{ den.}\\ 100 \text{ flor.}\end{array}\right\} \left\{\begin{array}{l}56 \text{ den.}\\ 1 \text{ flor.}\\ 104 \text{ flor.c.}\end{array}\right\} :: 6476\,\text{l. }17\,\text{f. }6\,\text{d.} : X$$

375 liv. : 182 flor. :: 6476 liv. 17 f. 6 den. : X
6476 liv. 17 f. 6 d.

```
        12952
        518080
        647600
10 f.      91
 5         45      10
 2         18       4
6 d.        4      11
        1178791 fl.    5 f.  ⌠ 375.
            537              ⌡ 3143 flor. 8 f. 13 p.
           1629
           1291
            166
             20
           3325
            325
             16
          5200 penings.
          1450
           325
```

<hr>

(a) Voyez page 41 , par les décimales.

Seconde Question (a).

Réduire 6482 florins 18 fols 15 penings en marcs-lubs, au change de 31 ftuivers pour 1 daelder.

$$\left.\begin{array}{l}\text{1 flor.}\\\text{31 f. c.}\\\text{1 dael.}\end{array}\right\} : \left\{\begin{array}{l}\text{20 f. cou.}\\\text{1 dael.}\\\text{2 marcs.}\end{array}\right\} :: \begin{array}{l}\text{6482 flor. 18 f.}\\\text{15 pen. : X.}\end{array}$$

31 : 40 m. :: 6482 flor. 18 f. 15 pen. : X.
6482 flor. 18 f. 15 p.

```
       259280
10 f.     20
 5        10
 2         4
 1         2
 8 p.      1
 4              8
 2              4
 1              2
```

259317 m. 14 f. lub. $\left\{\begin{array}{l} 31 \\ 8365 \text{ m. 1 f. 5 den.}\end{array}\right.$

```
    113
    201
    157
      2
     16 f.
    ─────
     46
     15.
     12
    ─────
    180 den.
     25
```

(a) Voyez la page 42, par les décimales.

TROISIÈME QUESTION (a).

Savoir combien 7404 liv. 15 fols 6 d. tournois feront de marcs-lubs courans, le change à 160 liv. tournois pour 100 marcs, agio à 10 pour $\frac{0}{0}$.

$$\left.\begin{array}{c}160\ \text{liv.}\\100\ \text{m.}\end{array}\right\} : \left\{\begin{array}{c}100\ \text{m.}\\110\ \text{m.}\end{array}\right. :: 7404\,\text{l. }15\,\text{f. }6\,\text{d.} : X$$

16 l. : 11 m. :: 7404 liv. 15 f. 6 d. : X

7404 l. 15 f. 6 d.

7404
74040

10 f.		5	. 8
5		2	12
6 d.			4 4

81452   8   4 { 16

145   { 5090 m. 12 f. 6 den.

12
16

200 f.

40
8

12

100 den.

4

(a) Voyez la page 43 , par les décimales.

QUATRIÈME QUESTION (a).

On demande combien 8978 réaux 31 maravedis de platte feront de livres tournois, au change de 14 liv. 15 f. to. pour 1 piftole.

      32 ré. : 14 liv. 15 f. :: 8978 ré. 31 m. : X
      640 : 298
      128 :   59 ::
     8978 ré. 31 mar.
     ─────────────────
      80802
     448900
         53 l. 15 f. 10 d.
     ─────────────────
     529755   15   10 ⎰ 128
      177 ·   ⎱ 4138 l. 14 f. 4 d.
      495
     1115   Pour les 31 maravedis.
       91   59
       20   59
     ───────   ─────────
     1835 f.   177 · ⎰ 34
      555   1829 ⎱ 53 l. 15 f. 10 d.
       43   129
       12   27
     ───────   20
      526 d.   ─────────
       14   540
                          200
                           30
                           12
                         ─────────
                          360
                           20

─────────────────────────────────

(a) Voyez la page 43, par les décimales.

CINQUIÈME QUESTION (a).

Savoir combien 456 réaux 12 quartos feront de livres tournois, au change de 14 liv. 10 f. tournois pour 1 piftole.

$$32 \text{ réaux} : 14 \text{ liv.} \frac{1}{2} :: 456 \text{ réaux } 12 \text{ quar.}$$

```
         64          : 29 ::
                        456 ré. 12 qua.
        ____________________________________
                       4104
                       9120
8 qua.                   14      10
4                         7       5       {    64
        ____________________________________   ______________
                     13245      15        {  206 l.  19 f. 3 d.
                       445
                        61
                        20
                     ___________
                      1235 f.
                       595
                        19
                        12
                     ___________
                      228 den.
                       36
```

(a) Voyez la page 44, par les décimales. Lifez ligne 12 de ladite queftion, donnera 206,69, au lieu de 20,69.

F I N.

TABLE
DES MATIÈRES.

CHANGES ÉTRANGERS.

Fin de la Table.

Faute à corriger.

Page 44, ligne 12 de la 5ᵉ Queſtion, *au lieu de*, donnera 20,69, *liſez* 206,69.

A PARIS, de l'Imprimerie de STOUPE.

9 782329 756707